青少年心理自助文库
气质丛书

勇气

男儿何不带吴钩

王俊海/著

我要有能做我自己的自由，和敢做我自己的胆量。在我们中间，就连最勇敢的人，对于自己真正理解的事拿得出勇气，也是罕见的。

中国出版集团　现代出版社

图书在版编目(CIP)数据

勇气:男儿何不带吴钩 / 王俊海著. —北京 : 现代出版社,2013.11
(青少年心理自助文库)

ISBN 978-7-5143-1846-3

Ⅰ.①勇… Ⅱ.①王… Ⅲ.①男性 – 成功心理 – 青年读物
②男性 – 成功心理 – 少年读物 Ⅳ.①B848.4 – 49

中国版本图书馆 CIP 数据核字(2013)第 273473 号

作 者	王俊海	
责任编辑	刘春荣	
出版发行	现代出版社	
通讯地址	北京市安定门外安华里 504 号	
邮政编码	100011	
电 话	010 – 64267325 64245264(传真)	
网 址	www.1980xd.com	
电子邮箱	xiandai@ cnpitc. com. cn	
印 刷	北京中振源印务有限公司	
开 本	710mm×1000mm 1/16	
印 张	14	
版 次	2019 年 4 月第 2 版 2019 年 4 月第 1 次印刷	
书 号	ISBN 978-7-5143-1846-3	
定 价	39.80 元	

P 前 言
REFACE

为什么当今一部分青少年拥有幸福的生活却依然感觉不幸福、不快乐？又怎样才能彻底摆脱日复一日的身心疲惫？怎样才能活得更真实、更快乐？我们越是在喧嚣和困惑的环境中无所适从，越是觉得快乐和宁静是何等的难能可贵。其实，正所谓"心安处即自由乡"，善于调节内心是一种拯救自我的能力。当我们能够对自我有清醒的认识，对他人能宽容友善，对生活无限热爱的时候，一个拥有强大心灵力量的你将会更加自信而乐观地面对一切。

青少年是国家的未来和希望。对于青少年的心理健康教育，直接关系到其未来能否健康成长，承担起建设和谐社会的重任。作为家庭、学校和社会，不仅要重视文化专业知识的教育，还要注重培养青少年健康的心态和良好的心理素质，从改进教育方法上来真正关心、爱护和尊重青少年。如何正确引导青少年走向健康的心理状态，是家庭、学校和社会的共同责任。心理自助能够帮助青少年解决心理问题、获得自我成长，最重要之处在于它能够激发青少年自觉进行自我探索的精神取向。自我探索是对自身的心理状态、思维方式、情绪反应和性格能力等方面的深入觉察。很多科学研究发现，这种觉察和了解本身对于心理问题就具有治疗的作用。此外，通过自我探索，青少年能够看到自己的问题所在，明确在哪些方面需要改善，从而"对症下药"。

目标反映人们对美好未来的向往和追求。目标是一个人力量的源泉、精神上的支柱。一个国家、一个民族如果没有远大的、被大多数人信仰的共同目标，就会形同一盘散沙。没有凝聚力、向心力，哪里还谈得上国家的强盛、民族的振兴？一个人如果没有目标，就会失去精神动力，不可能成为高素质的优秀人才。

理想是人生的阳光，希望是人生的土壤。目标与方向就是选定优良种子与所需成长的营养，明确执行的目标，让一个个奋斗目标成为你成功道路上的里程碑，分秒必争地尽快把一个个目标变成现实。再苦再难也要勇敢前进，把握现在就能创造美好未来！

一个没有方向的人，就如同驶入大海的孤舟，不知道自己走向何方，其前景不容乐观。而有方向的人，就如同黑夜中找到了一盏导航灯。方向是激发一个人前进的动力，也是一个人行动的指针。有方向的人能为美好的结果而努力，而没有方向的人只会在原地踏步，一生也只会碌碌无为。迷茫一族应早日做好自己的人生规划，心中有方向，努力才有目标，人生之路才会风光无限。否则，在没有方向的区域里绕来绕去，最终只会走出一条曲线，或绕了一个圆圈又绕回原点。拥有规划，但还要拥有恒心，即使在艰难险阻下，也要朝着自己设定的方向锲而不舍地前行，切不可半途而废，白白浪费自己的时间。

本丛书从心理问题的普遍性着手，分别记述了性格、情绪、压力、意志、人际交往、异常行为等方面容易出现的一些心理问题，并提出了具体实用的应对策略，以帮助青少年读者驱散心灵的阴霾，科学地调适身心，实现心理自助。

本丛书是你化解烦恼的心灵修养课，是给你增加快乐的心理自助术；本丛书会让你认识到：掌控心理，方能掌控世界；改变自己，才能改变一切；只有实现积极的心理自助，才能收获快乐的人生。

勇气——男儿何不带吴钩

C目 录
ONTENTS

勇气——男儿何不带吴钩

第七篇　勇气让斗志永不休止

目

录

第一篇　呼唤勇气

一位哲人说得好:"成功没有平坦的大道可走,只有敢于面对现实,不怕失败的人才能到达成功的彼岸。"

在生活中我们往往会发现,那些成功者都具有善于冒险的优良品质。生活中的机会很多,但只有勇敢的人才能抓住。冒风险的胆量是很多人白手起家的特征之一。战胜生活中的困难并以此获得高收入,显然需要某种程度的勇气,以及克服恐惧的能力。

面临困境的时候,我们若能直面绝境,就会激发重整旗鼓的勇气。在绝望中默默地努力,默默地等待,希望就会升起。

激情与勇气

勇气，是我们久违的一个字眼，在现代这个社会，我们更熟悉的是"冷漠"，正因如此，我们才呼唤勇气！

在浮躁而贪婪的时代，我们需要真正的勇气。古今中外，古往今来，伟人们关于勇气的论述已汗牛充栋，这里我们不再引经据典。我们只想真诚地表达，**在浮躁而贪婪的时代，我们需要勇气！**

现代社会，信息发达，交通便利，经济成熟，然而人情冷漠，也许，我们已越来越没勇气面对自己心中的那份真情。那一个个见死不救的事件，令我们心里一阵沉重而无奈！但扪心自问，我们就有勇气去做那个好人吗？答案是：不尽然。因此，我们在这个社会中卑微且苟且地活着！

勇气，不光对社会，对我们自己也是必需的。一个人想要幸福、成功、从容、快乐，就需要勇气，勇气是我们的护身符，是我们手中的最后一张王牌。我们可以出身低微一点，可以头脑"简单"一点，可以能力欠缺一点，甚至可以身体残疾一点，但我们不能没有勇气。在勇敢实践的过程中，我们的智慧会增长，我们的毅力会增加，我们的才干会得到锻造。

纵观周围的生活，那些令人羡慕的社会精英无一不具有勇气，他们能克制自己的欲望，也能拒绝别人过分的要求；他们说干就干，当机立断；他们知错就改，毫不拖延，这些都是勇气的表现。**勇气它不光表现在战场上杀死几个敌人，在和平年代，对自己的每一点管束都是勇气的表现。**黄继光挺胸堵枪口是一种勇气，但现代一个人能克制自己的欲望，坚定地面对坎坷，同样是一种勇气。

我们每个人生活在这个世界上，都希望自己取得成功、获得幸福，都希望自己活得有意义，没有哪个人刚开始就想着碌碌无为、浑浑噩噩。然而，现实生活中我们还是有很多人过得不如意，他们精神萎靡，心情郁闷，每天充满牢骚与不满，从而导致自己生活好像没什么意思。之所以这样，是因为我们缺乏激情与勇气。

勇气不是别人给你的，勇气不像那些神乎其神的武侠片里的功夫一样可以传来传去，勇气是你自己给自己的，只有自己才是你勇气的源泉。如果你生活得没有激情，那别人也拿你没办法。在生活中，我们每个人都想获得幸福与成功，不想抱怨，不想痛苦，那你就要自己给予自己激情与勇气。

在成功与幸福的大道上，激情与勇气是你人生的法宝。你可以头脑笨一点，可以学历低一点，可以家境差一点，可以能力欠缺一点，甚至可以身体残缺一点，但你不能没有激情与勇气。激情与勇气是你智慧的成长剂，有了激情与勇气，你的能力会慢慢增长，有了激情与勇气，你其他的一切缺陷都可以慢慢弥补过来。

只要你有激情与勇气，大胆地踏上征程，那么你就可以拥有"车到山前必有路"的豪气，你就可以激发出你身体内巨大的、惊人的潜能，将难题与困难一一化解。成功与幸福最垂青于有激情与勇气的人。很多名人就是凭着一股激情与勇气得以光耀世界的。

15岁那年，约翰·哥达德行过成人礼后，便把自己关在房间里规划自己的人生，他把自己一生想要干的大事列在本子上，郑重地写下标题——《我一生的志愿》。

在那个小本子上，约翰·哥达德一共列了127个目标。主要有：到尼罗河、刚果河和亚马孙河探险；登上珠穆朗玛峰、乞力马扎罗山和麦特荷恩山；驾驭大象、骆驼、鸵鸟和野马；探访马可·波罗和亚历山大一世走过的道路；主演一部《人猿泰山》那样的电影；驾驶飞行器起飞和降落；读完莎士比亚、柏拉图和亚里士多德的著作；谱写一部乐曲；写一本书；游览全世界的每一个国家；结婚生子；参观月球……他给这些目标编上号码，把小本子锁在抽屉里，打算抓紧时间，一步一步实现这些目标。

第二年，他和父亲一道，到奥克费诺基大沼泽探险，首先完成了第一个目标。接着，他陆续学会了不穿潜水衣到深水潜游，学会了开拖拉机，并且自己挣钱买了一匹马。20岁时，他已经在加勒比海、爱琴海和红海里潜过水了。他还成为一位空军飞行员，在欧洲上空进行过三十多次战斗。21岁时，他已经旅行过20多个国家。刚满22岁，他就在危地马拉的丛林里发现了一座玛雅人的古庙，成为一家著名探险俱乐部最年轻的成员，开始筹备实现自己宏伟的目标之最——探索尼罗河。

约翰·哥达德知道，尼罗河流域有地球最丰富的地貌，是整个非洲的缩影，在它的流域内拥有全非洲的每一种鸟、兽、爬行动物和昆虫，还有最矮和最高的人。考察探索尼罗河，研究神秘的丛林和两岸的风土人情，是对自己最大的挑战。终于，在26岁那年，他和两个伙伴来到尼罗河的源头，乘坐一只小皮艇开始穿越由4000英里河流贯穿的丛林和山地。一路上，他们遭遇过河马的攻击，遭遇过沙尘暴和无数的激流险滩，遭遇过疟疾的侵袭，自然也还有匪徒举着刀枪的追击……10个月后，他们顺利地走出尼罗河，进入蔚蓝的地中海。

随着年龄的增长，约翰·哥达德加快了实现目标的步伐。几年后，他乘木筏漂流了科罗拉多河，接着，他又考察了刚果河。在刚果河，他遭遇了人生最严峻的洗礼。他与好朋友杰克·约维尔一起下河出发，开始还一路顺利，6个星期以后，他们遇到了一个巨大的旋涡，瞬间把约维尔吸了进去！一个亲如兄弟的活生生的人，就这样永远地消失了，他绝望得想要弃舟上岸，回到平静安宁的生活中去。但是想到自己的人生目标，想到与好友的约定——无论怎样，都要把航程进行到底。约翰·哥达德擦干眼泪，继续向前行进。

再接着，他在南美荒原、婆罗洲和新几内亚与那些原始部落的人们一起生活，登上乞力马扎罗山，驾驶比超音速飞机快两倍的喷气式战斗机飞行，写成了一本《尼罗河探险》的书并出版了。以后结了婚，有了5个孩子。

40多年过去了，约翰·哥达德虽然已经60多岁了，但他依然显得年轻、潇洒。这时候的他，不仅是一个经历过无数次探险和远征的老手，还是电影制作人、作家和演说家。他一生都在追逐自己的目标，曾经经历过18次生死考验，但都死里逃生。这些经历教会了他珍惜生命，体会在绝望的时候，人所能够产生的巨大的勇气和力量。

在他15岁时列出的人生计划中，也有个别不合实际的，实现起来力不从心，他决定放弃。比如，主演一部《人猿泰山》那样的影片，他就放弃了。约翰·哥达德每天都在检查自己的目标实现了多少，他绝不轻易放弃任何一个目标。127个目标，他已经完成了106个，他满怀信心地朝着剩下的目标努力，完成他对自己人生的挑战！

这个故事真是荡气回肠，约翰·哥达德的激情和勇气让我们每个人都感到振奋。的确，人活在这个世界上，就需要像约翰·哥达德这样的激情和勇气。我们可以发现，约翰·哥达德刚开始和我们一样，都是普普通通的人，普普通通的出身，普普通通的才能，普普通通的禀赋，但唯一不同的是他成人礼后凭着一股激情把我们年轻时看作"胡思乱想"的东西写在了小本子上，不，应该说是写在了心里，然后就义无反顾地去实行了，因而他成就了伟大。其实只要你有一股激情与勇气，要不了多久，你就会和其他人拉开距离。正如约翰·哥达德仅仅21岁时就已经是个探险家一样。他走了很多路，见了很多人，遇到了很多危险，但这更激发了他的激情与勇气，促使他以更快的速度与普通人拉开距离，而经过时间的推移，这种距离相差得令人惊叹。

这就是成功的秘密——激情与勇气。只要你开始起航了，坚持一下，再坚持一下，你就很有可能"乘风破浪会有时，直挂云帆济沧海"。凭着激情与勇气，你就是时代的弄潮儿；凭着激情与勇气，你就可以成就财富与幸福，可以实现人生的价值。如果说你的人生价值犹如一桶汽油的话，那么激情与勇气就是打火机与大风，会让你的人生火焰熊熊燃烧。

其实观察周围的世界，很多成功者并没有什么和别人不同的地方，他们的头脑不见得更聪明多少，他们的能力不见得更出众多少，他们所拥有的资源也并不比任何人多一点点，有很多还比别人要少得多，但他们最后却迎来了人生的成功与辉煌，在某个领域与行业里翻云覆雨，笑看风云。究其缘由，也正是因为他们的激情与勇气。尤其是勇气，从他们大胆踏出第一步的那一刻起，就注定了他们和我们普通人的不同。有句话说得好，敢干比能干更重要。这就是勇气的力量，**其实很多事没什么诀窍，就是刚开始人们都胆怯，只要你敢去干，你就完全和别人不一样了。**

回想我们青春年少时，哪个人没和约翰·哥达德一样有过很多的胡思乱想呢？但随着岁月的流淌，我们渐渐屈服于现实，于是，我们墨守成规，我们安安稳稳，我们尽量去追求安逸与不冒风险，但这个时候，我们的勇气也消失得无影无踪了。我们失去了生命的激情的火焰，忘却了胸中涌动的那股勇敢之气，我们对社会上的很多事避而不见，对生活中的很多梦想能放弃就放弃，我们只是被一些生存最基本的需要抽打着向前走，我们离开了勇气与激情的庇护，把生活变为了生存。

为了生活，为了生命，我们需要激情与勇气。西点军校"兽营"给我们的启示：在世界军校中，美国的西点军校无疑处于云端位置。而提到西点军校，就不能不提到西点的"兽营"。正是"兽营"训练，为美国提供了无数的人才，也打造了全世界的神话。美国西点军校的"兽营"训练，能给我们诸多启示。

西点军校以西 10 公里处，是美国国家军事保护区，森林茂密，森林之中有一个与世隔绝的营地叫巴克纳营地，西点军校的"兽营"就坐落在这里。从每年七月第一周新生进校之日起，被称为"最折磨人""最难熬"的"兽营"训练便开始了。时间为 8 周。让我们先来看看"兽营"的训练时间表：

上午 5：00 起床，早餐

上午 6：20—6：50 集合，列队出操

上午 6：50—7：15 收操，洗漱

上午 7：15—8：15 训练前准备

上午 8：15—12：00 训练或上课

中午 12：00—13：10 午餐

下午 13：10—13：45 训练前准备

下午 13：45—15：40 训练或上课

下午 15：55—17：10 群众性体育活动

下午 17：25—18：15 上课或分列式

晚上 6：35—19：05 晚餐

晚上 7：05—19：25 训练准备

晚上 7：25—21：05 训练或上课

晚上 9：05—22：00 武器保养，洗漱熄灯

任何人都可以看出，这个训练计划是非常严苛的，几乎会让人喘不过气来。这样高强度的训练为期 8 周，每周 7 个训练日没有休息，一天连着一天，每天 12 个课时的训练，整整进行 56 天，在这 56 天里，总共的课时高达 682 个！

西点军校采用这种"斯巴达式"的训练，使学员身体疲惫不堪，这是对学员身体上的磨炼。在日常生活中，也强调对军官以及高年级学员命令的服从，这是对学员心理上的磨炼。比如，由高年级学员负责管理低年级日常着装训练。高年级的负责人一会儿下令集合站队，一会儿又指令低年级学员返回宿舍换穿白灰组合制服，即白衬衣加灰

勇气——男儿何不带吴钩

裤子的制服，并限定在5分钟内返回原地并报告："做好检查准备。"接着又会有新的命令，要求所有人换上学员灰制服。而在这整个过程中，必须无条件地执行命令，不能有任何的借口和抱怨。

西点的"兽营"就如同一个过滤器，检测新来学员的入学动机和心理承受能力。曾经有统计表明，高达15%的新学员无法通过"兽营"而相继离去，他们中间好多人在第四、第五周的时候哭泣了几个晚上就带着伤疤离去了。但西点军校不管外界怎样批评，却从未放弃"兽营"训练或降低一丝一毫的标准。西点军校提出：在这些困难面前，格兰特过去了，潘兴过去了，麦克阿瑟过去了，艾森豪威尔过去了……你们也要过去。西点军校的口号就是：把这些娇生惯养的个人主义者击垮打碎，然后拾起碎片重塑为合格的军人。

当年麦克阿瑟没有想到，他一入学就受到了严酷的"磨炼"。高年级学员并不因为当时美国各报争相宣传其父在菲律宾战场上的赫赫战功而对他另眼相看，在训练快要结束的时候，强迫他做下蹲、单杠、俯卧撑等动作，一做就是一小时，并宣称让他为驰骋于菲律宾战场的将军父亲争光。待麦克阿瑟摇摇晃晃走进自己的帐篷时，已经体力不支了，一下子瘫倒在地上。醒来后麦克阿瑟让同住的一位新学员弗雷德里克·坎宁安在他身下垫上一条毯子，以免别人听见他双手敲打地面的声音。第二天早晨，他感到浑身无力，坎宁安让他去请病假，他却仍然坚持去操练。此举受到高年级学员的称赞，但坎宁安却无法忍受这种折磨"愤然退学"。

被称为"思想机器"的五星上将布莱德雷曾经回顾初入西点军校时训练的情况。他认为训练是残酷无情的，甚至可以称得上是对人的一种折磨。教官和高年级学员粗暴生硬的训练方法和口令不容任何一个人反应迟钝，要求每个人都做到百分之百准确，无论你是出色的运动员，还是考试尖子，不管你是娇生惯养的宠儿，还是恃强凌弱的恶棍，都得规规矩矩、服服帖帖，稍有闪失，就会招致一顿臭骂。教官们经常用"混蛋约翰先生""混蛋加德先生"这一类称呼代替学员的名字。学员在此必须告别平民生活，甚至也告别了原来的名字。

西点军校一代代传下来的对低年级学员的折磨到史迪威这一届当然也不会幸免，诸如要长时间伸直臂膀举枪，捆住大拇指吊起来，头朝下倒立在盛满水的澡盆里，大热天让他们裹上毛毯、雨衣捂汗，冷天裸身跑步……过分的、难以忍受的花样很多。有些学员因此精神上受到沉重打击，有些学员则"百炼成钢"，成为勇士。

确实是这样，经过西点军校"兽营"的过滤后，留下来的都是精英，或者说是可以成为精英的准精英。他们都会拥有更加勇敢的品质，以帮助他们去迎接更大的挑战和战胜更大的困难。西点军校之所以这样严格训练，是出于战场的需要。战场是残酷的，是真刀真枪的，你今天不强大，明天就意味着死亡。**战场对人的生理和心理要求都很高，尤其是心理素质，没有镇定自若的勇敢精神，没有坚强果断的勇敢素养，那么第一个倒下的很可能就是你。**而经过"兽营"的训练后，学员们基本上就可以初步具有这样的心理品质。著名的巴顿将军也是在西点军校，在"兽营"接受了艰苦卓绝的训练后，忍受了常人难以想象的苦难后，才成为心理能力出众，以勇敢著称的一代名将。

巴顿是西点军校学生最为津津乐道的一位校友，也是美国历史上有重要地位和极具个性的一位将领。然而，乔治·巴顿的意志之坚强、心理之强大、身体素质之优良并不是天生的。

巴顿从小就显示出了很高的智商，但到后来，他让他的父母越来越忧伤，因为他天生在发音和拼写上有很大的缺陷，经常发音不准且容易拼写错误。经医生诊断，他患有先天性"阅读失常症"。

巴顿从小就是个历史迷，上学之前就喜欢听大人们讲历史人物故事和军人的伟大业绩。他的父亲没有灰心，为他挑选了很多有意义的史诗作品朗读给他听，有意培养巴顿战胜困难的勇敢品质。

勇气——男儿何不带吴钩

将军们富有传奇色彩的故事让小巴顿心潮澎湃，也让这个患有"阅读失常症"的孩子萌发了成为优秀军人的梦想。于是，经过不懈的努力，巴顿终于考进了西点军校。入校那天，巴顿激动异常，但他却不知道，严酷的磨炼才刚刚开始！

巴顿在西点军校的"兽营"吃了很多苦头，更重要的是，他的文化课始终落后于人，尽管他付出了几乎双倍的努力，但患有先天性"阅读失常症"的他依然名次很靠后，几乎处于被淘汰的边缘。

于是，巴顿首先在"兽营"训练中表现得更加出色，获得了当之无愧的第一名，以保证自己能继续留在西点，然后用更大的努力来学习文化课。巴顿知道，他想成为一名出色的将军，就不能在任何一个方面落后于人。终于，经过一年的努力后，巴顿的文化课也过关了。有了这样强大的心理后，巴顿日后终于成为遇到困难迎头而上的一代猛将，至今他的塑像还矗立在西点军校图书馆的大门口。

由此可见，西点军校确实是"男子汉工厂"，从西点"兽营"里走出来的男子汉们无不具有勇敢的品质和强大的心理，而这些，让他们在世界舞台上叱咤风云，大展拳脚。

西点人喜欢将他们作为新学员在"兽营"度过的8周，以及随后在学员团的活动看作是他们区别于麻省理工、斯坦福、哈佛、耶鲁等美国名牌大学学生的主要特征。他们认为，西点当然是名牌大学，其优于其他名牌大学的地方，在于正常的学术要求之外附加了严格的军事要求，而这些军事要求让他们更勇敢。

西点军校出版的《号角》有文章写得很清楚："西点军校学员入学的头8周主要是进行紧张的士兵基本训练。在这段时间里，对学员进行的是加入学员团之前必须通过的、标准较高的训练。"这种训练对学员是十分重要的，甚至对学员的终生都有作用。西点人认为，入学前的训练有极大的好处，尽管"兽营"训练十分严苛，束缚了学员的思想，限制了他们自由地讨论学术问题，但"兽营"起到了过滤器的作用，起到了对精神和意志品质检测把关的作用，它可以把一些不合格的新学员滤出去、淘汰掉；它也可以将一名普通学生转变为一名军校的学员。勇敢打破原来的自我，重塑新的自我，这就是西点军校给我们的启示。

心灵悄悄话

　　在成功与幸福的大道上，激情与勇气是你人生的法宝。你可以头脑笨一点，可以学历低一点，可以家境差一点，可以能力欠缺一点，甚至可以身体残缺一点，但你不能没有激情与勇气。激情与勇气是你智慧的成长剂，有了激情与勇气，你的能力会慢慢增长，有了激情与勇气，你其他的一切缺陷都可以慢慢弥补过来。

勇气——男儿何不带吴钩

勇气与大冒险

人生本身就是一次冒险之旅，要想成为生活的强者，要想成就一些事情，我们就必须有勇气。失去了勇气，你便失去了一切。

有人问一个农民："你的田里种了小麦吗？"

农民："没有，我怕不风调雨顺。"

"那你的田里种了芝麻吗？"

农民："没有，我怕虫子咬了它。"

"那你种了什么？"

"我什么都没种。"

在生活中我们往往会发现，那些成功者都具有善于冒险的优良品质。**生活中的机会很多，但只有勇敢的人才能抓住。**冒风险的胆量是很多人白手起家的特征之一。战胜生活中的困难并以此获得高收入，显然需要某种程度的勇气，以及克服恐惧的能力。许多百万富翁承认，他们的胆量是在他们的生活中培养并有意识地发展起来的。

有人专门做过一个调查，即询问 1000 位高收入者一个问题："合理的经济风险对于你们在经济上的成功有多大的重要性呢？"净资产在 1000 万美元以上的富翁中有 41% 的人回答："非常重要"。而净资产在 100 万到 200 万美元的高收入者给出同样回答的，也高达 21%。

如果在新加坡，你问零售业的第一霸主是谁，人们会毫不犹豫地回答：唐仲庚。唐氏商场的创始人唐仲庚当年从中国的汕头来到新加坡闯南洋，只身携带着一只塞满中国刺绣品的铁皮箱。正是凭着这只小小的铁皮箱，他开始了创业历程。他有着强烈的冒险精神、智慧的大脑以及非凡的洞察力。他放弃了那些常人眼中的机遇，却在别人一无所知的地方找到了自己的"第三条路"，从昔日的穷小子一跃成为大亨。

1958 年，已经有所积蓄的唐仲庚由于现实的需要，开始筹建一幢售货大楼。他在新加坡纵深内陆的偏僻之地——乌节路买下一块地皮，准备盖楼。在当时，唐仲庚被认为是一个疯子，因为那时新加坡的商业活动主要集中在滨海地区，人们投资商业也是在那里，所以对于他在乌节路盖售货大楼都深为惋惜，认为是把钱扔向了坟墓之中，不会起任何作用。而且还有一些会看风水的人，更是对乌节路这块地皮看不顺眼，因为这块地皮的位置面朝一个基地，按照中国的风水学来说，这可是个不祥之地。面对着这些嘲笑、讽刺，唐仲庚并未害怕，而是放开了胆量，准备在乌节路大干一场。其实唐仲庚并非痴人，他之所以下定决心选定乌节路这块地皮盖售货大楼，是有自己的考虑的。他清楚自己的英国主顾们每天上班都得经过这条路。这样，无形之中，就把主顾们的购物袋拉向了自己的售货大楼。

由于位置偏僻，风水不佳，唐仲庚仅仅以 50 新加坡元一平方英尺的价钱就买下了这块土地，排除了一切困难，盖起了他的第一座百货大楼。

情形正如唐仲庚所预料的那样，那些英国主顾们利用上下班的时间，路过唐氏百货大楼时，就自然而然地进去购买自己所需的物品。唐氏的资本因此大大增长。另外，时间不长，这里就成为新加坡商业区的中心地段，地价成倍地向上涨，原先只是 50 新加坡元一平方英尺，而现在涨到了 6000 新加坡元一平方英尺。唐仲庚获得了极大的成功，人们也纷纷交口称赞唐仲庚的胆量。

勇气——男儿何不带吴钩

的确，成功的大商人总是在别人看来无利可图，甚至只赔不赚的地方找出成功的道路，尽管一路要披荆斩棘，然而走下去，他得到的永远比那些循规蹈矩的人多得多。

有人说："**伟人经常犯错误，经常要摔倒，但虫子不会。因为它们做的事情就是挖洞和爬行。**"其实很多人都是通过冒险积累人生第一桶金的。霍英东曾有过在一个小岛上过半年非人生活的冒险经历，而李嘉诚的一次次大笔投资无不冒着巨大的风险。

敢于冒险是每一个人的成功法则。一个机会，谁最先勇敢地迈出了第一步，谁就会成为"王者"。要做大事，必冒大险，果断非常重要，优柔寡断、反复思量，一般都会失去机遇。我们要记住，跟在别人屁股后面，永远不会成事。做事须有眼光，有超前意识，能看出事物发展的趋势。人云亦云、没有主见，永远不能成就大事。

许多名人的成功经历启示着我们，只要你选定了一个你认为极有价值的目标，就应该全力以赴，要敢于承受最大的风险。而你如果这样做了，成功离你也就不远了。"海王"牌胶体蓄电池的发明人王莲香就是这样一个人。

王莲香曾是某军工厂的一名普通职工，多年来一直在与蓄电池打交道。她看到，铅酸蓄电池是一种对环境有很大危害的产品，不仅会污染环境，而且有害于人的健康。于是，她便萌发了改造蓄电池，从而消除铅酸污染的想法。

然而要解决世界化学界全力攻关都未见成效的难题，对于既没有资金，又没有场地，还缺乏专业知识的王莲香来说，谈何容易。

不过，生性刚毅的王莲香一旦认定自己的设想具有重要价值，她就会毫不犹豫地投身其中，虽然她也很清楚这其中的风险是巨大的。

没有场地，她家那间13平方米的小屋便成了实验室，桌上、地下到处摆满了瓶瓶罐罐。没有经费，她便变卖家产以换取现金。王莲香的丈夫在远洋工作，家底还算丰厚，但不到几年时间便被她折腾光了。她不仅耗尽了家中的全部积蓄，还卖掉了丈夫从国外买来的高级摩托车、彩电、冰箱、收录机，甚至是心爱的衣物。当家里再也找不出一件值钱的东西时，她只好冒险向人借钱来搞实验。

缺乏专业知识，她就不分昼夜地加强自己的化学知识，查阅凡是能搞到手的专业资料。本可在艺术上颇有造诣的大儿子被她说服改学了化学，对蓄电池颇为精通的丈夫也成了她的技术顾问。

为了攻克一个个的技术难关，王莲香常常忘了洗脸，忘了吃饭，也几乎忘了做母亲的责任，两个儿子也常常跟着她饿肚子。某一年的大年三十，家家团聚，丈夫从国外返家，满心欢喜地推开房门，却被眼前的景象惊呆了：王莲香正在蓬头垢面地做着实验，大儿子正在替母亲解化学方程，小儿子正在啃一块干面包。

为了解决胶体电解质的稳定性的问题，王莲香不顾身体有病，四处奔波求教。国内哪儿有类似产品，她就跑到哪儿进行考察。几年内，她跑遍了全国20多个省、市、自治区。

为了寻找蓄电池的最佳配方，她同大家一起共测试了整整40个月，每天要不间断地测试24次。仅记录就写满了上百本。

王莲香最终获得了成功。一种高能、无污染、无腐蚀性且耐低温的胶体蓄电池问世了，该产品不仅能满足各种设备的大功率启动的需要，而且寿命是铅酸蓄电池的3倍还要多。

当"海王"取得成功的消息传到国外时，德国一家著名的大公司十分震惊，断言这不可能是中国人干的。当他们知道了这一切是真的时候，马上就邀请王莲香访问德国，并急切要求订货。

王莲香的成功再次告诉我们，如果你认定某一目标是有意义、有价值的，那它就是一项值得冒险的事业，为了抓住成功的机遇，你应当做出最大的投入。**机会来临就不要犹豫，马上行动，这是你走上成功的必经之路。**比尔·盖茨说："你不要以为那些取得辉煌成就的人，有什么过人之处，如果说他们与常人有什么不同之处的话，就是当机

勇气——男儿何不带吴钩

会来到他们身边的时候，立即付诸行动，毫不迟疑，这就是他们成功的秘诀。"

《孙子兵法》有云："凡战者，以正合，以奇胜。"而想要出奇制胜就需要冒险。生活中想要成功就需要用别人没有的方法杀开一条新路，而想要出这种"怪招"本身就是一种冒险。

"明知山有虎，偏向虎山行"。敢于冒险，敢作敢为，是高逆境商的重要性格特征。实际上，冒险和成功常常是紧密相连的，尤其是在当今的商场中，冒险精神更为竞争所必需。时代不同了，千变万化的市场将静止不变的传统经营模式取代。在遇到经营上的逆境时，就必须敢于冒险、敢于创新，否则就会寸步难行。

然而，我们所说的冒险不等于不加考虑的莽撞，在冒险中需有谨慎的态度。只要有了谨慎的态度，就会少跌跤。当然，若是过分谨慎，在复杂多变的现代社会，处处谨小慎微，就像有的人，不敢去做前人没有做过的事，不敢去攀登前人未曾攀登过的高峰，当然也不会体验到冒险的刺激与成功的喜悦，结果只能是永远也不会有什么作为，甚至被时代所抛弃。

低逆境商的人要求永远不犯错，这正是他们什么也做不成的原因。就好像一封信始终不写是因为还没想到恰当的措辞，万一永远想不起来，不是永远也写不成了吗？因此，你需要改掉这种习惯。

旅美华人谭仲英就是一个敢于在逆境中冒大险、成大功的人。谭仲英初到美国时，两手空空，好不容易才在一家钢铁企业中谋了一份销售员的工作，从此以后，他与美国的钢铁工业便结下了不解之缘。

经过十年的苦心拼搏，到 1964 年，谭仲英建立了第一个属于自己的钢铁公司。不过，富有冒险精神的谭仲英并不满足于做个小老板，他接二连三地买下了许多破产公司，从此，他所经营的企业进入了蓬勃发展的新时期，到了 20 世纪 80 年代，他已大有成就。

假如谭仲英没有一种敢于冒险的精神，他不可能在短短几年中，快步地入围美国最大的私营企业行列。他的成功，秘密就在于他那敢于冒险，敢为他人所不敢为的高逆境商。

在美国这样一个商业竞争尤为激烈的社会里，没有那种所谓完全没有冒险的生意。谭仲英的创业史表明，他的确是一个敢于冒险，敢于花巨资购买倒闭公司和工厂的能手。谭仲英在事业上的巨大成就，不管其中冒险的成分有多大，隐藏在那大胆的作风背后，肯定有精心的谋划。这个冒险家绝不是那种到处乱撞的鲁莽无谋的冒险家，而是一个胆大心细、有勇有谋的冒险家。

1982 年，美国工业出现了严重的衰退，粗钢产量大幅下降，比1981 年减少了40.1%，只有 6570 万吨，美国 7 家最大的钢铁工业公司的业务亏损总额在 1982 年的前 9 个月内超过了 10 亿美元。

居世界第七位的美国伯利恒钢铁公司，因亏损巨大，不得不在1982 年年底宣布将设在纽约州拉卡瓦纳和宾夕法尼亚州约翰斯顿的两家分厂关闭，这一举动让近 1 万名工人失业。更严重的是，伯利恒钢铁公司的下属麦克罗斯钢厂竟在一个季度内亏损了 1 亿美元。亏损如此惨重，麦克罗斯钢厂虽竭尽全力但仍无力回天，大钢厂前途叵测，4000 多名员工面临即将失业的命运。在这种情况下，谭仲英经分析思量，冒着风险，将这家钢厂买了下来。这个冒险之举后来为他带来了丰厚的回报。

谭仲英不仅敢冒险收购即将倒闭的工厂，而且善于经营，把濒临破产的工厂扭亏为盈，随后，他又以高价把工厂卖出，再做更大的投资，对谭仲英这种拿得起、放得下的经营作风，他的朋友威廉·马克曾做过这样的评价："谭仲英总是在葬礼上买下公司，而在婚礼上将它脱手出卖。"这段话可以说是既实在又风趣，然而就在这一买一卖之间，充分展示了谭仲英勇于冒险的精神和聪慧的头脑。

在资本运作上，谭仲英也表现出他那种胆大心细、见机行事的作

勇气——男儿何不带吴钩

风。谭仲英每收购一家即将倒闭的公司，就会向银行争取贷款，并且用第一家公司作抵押，再向银行争取贷款收购第二家公司；然后又用第二家公司作抵押向银行争取贷款收购第三家公司……如此不断地发展，终于使谭仲英拥有 20 家与钢铁有关的企业，跻身于美国钢铁企业家的行列当中。

上苍赐给每一个人的机遇都是一样的，但就像美丽的玫瑰花都是带刺的一样，机遇总是相伴着风险。

开创性的工作总是充满着风险，只有敢于冒险的人，才能在风险面前毫不畏惧。敢于开拓道路，敢于追求常人不敢追求的目标，才有可能取得常人所永远无法取得的成就。

心灵悄悄话

在生活中我们往往会发现，那些成功者都具有善于冒险的优良品质。生活中的机会浪多，但只有勇敢的人才能抓住。冒风险的胆量是浪多人白手起家的特征之一。战胜生活中的困难并以此获得高收入，显然需要某种程度的勇气，以及克服恐惧的能力。

对逆境说不

生活中我们常说，如意之事常一二，不如意事常八九。因此，我们需要修炼的一个课题就是：勇敢地面对逆境。当不如意的时候，我们该怎么办？是选择缩头逃避，还是勇敢面对？鲁迅先生说过："真的猛士，敢于直面惨淡的人生，敢于正视淋漓的鲜血。"是这样的，生活中我们很多人生活惨淡，就是因为不能直面惨淡的人生。**而缺乏勇气，正是我们一事无成、庸碌一生的根源所在。**

莉莉，一个17岁的美国女孩，从小体弱多病的她是医院的常客。在她3岁那年，因为患了一种极其罕见的贫血症，住了两年医院。在住院期间，她每3个星期就得去输一次血，以补充血液中运送氧气和营养的红细胞。可是这救命的血液，对莉莉来说却成了致命的"恶魔"。

从那个春天开始，莉莉便不停地生病，而且身体素质也明显下降。有一天下午，天气特别热，莉莉又发烧了，因此不得不待在家里休息。母亲推开房门走了进来，将莉莉抱住，莉莉也将头轻轻地靠在母亲身上。这时她突然感觉到了母亲的异样，就连门外的父亲也用忧伤的目光注视着她。她想：究竟发生了什么事呢？爸爸、妈妈是如此一反常态，难道我的病情又恶化了吗？这是否意味着我又将回到那熟悉而陌生，亲切而恐怖的病房？

母亲抚摸着女儿的头发，一声又一声地喃喃道："莉莉……莉莉……"莉莉听到母亲揪心的呼唤，望着欲哭无泪的母亲，在心里

勇气——男儿何不带吴钩

做了最坏的猜想。"孩子"，父亲轻声说："坚强些，医生说，你感染艾滋病毒了。"父亲严肃的脸上显现出了悲伤和无奈。

听到这个如晴天霹雳般的消息，莉莉觉得自己的头被人狠狠地敲击了一棒，厄运怎么就这样降临了！她绝望了，生命对于她来说已毫无意义，她仿佛看见那可怕的艾滋病毒正在大口大口地吞噬着自己的身体和灵魂。

莉莉独自待在家里，静静地躺在床上，望着屋顶上的天花板，她觉得自己陷入了黑暗的、万劫不复的地狱中。整整一个礼拜，她没有和父母说上一句话。她已经完全崩溃了。可是她的父母却对她充满了希望，他们让她大把大把地吃药，定期到医院检查，以至于他们把多年的积蓄几乎全用在了女儿身上。但再多，再贵的药都无济于事，莉莉的身体仍然一天比一天糟糕，她的免疫机能已被破坏，已经失去了对疾病的抵抗力，一次小小的感冒都可能夺走她的生命。

莉莉不敢去上学，她无法面对老师和同学。她害怕，她害怕别人向她投来异样的眼光。

一天晚饭后，妈妈对莉莉说："孩子，别再逃避了，现实就是现实。让我们试一次，只有勇敢地走出了这第一步，你才能像正常人一样生活。"

莉莉望了望憔悴的母亲，吃力地点了点头，她知道，自己不能再沉默了，要像妈妈说的那样，要勇敢起来。

第二天，她给全校同学写了一封信，她在信上对同学们倾诉："……我是一个患有艾滋病的女孩儿，我想回到校园里，我希望大家理解，我们仍然是朋友，希望你们还把我看作你们中普通的一员。我会非常注意，拥抱和在一起玩耍并不会传染。因此，希望你们不要害怕，不要孤立我，我非常需要你们的友情！我会勇敢地和你们成为好朋友，你们可以容纳我吗？"

令她意外而感动的是，当她走进教室的时候，同学们爆发出了热烈的掌声，那一刻，她感到自己是世界上最幸福的人。

后来莉莉去世了，师生们为她立了一块碑，上面写着：她曾勇敢地活着。

莉莉的勇敢令人动容。我们认为，面对逆境时要做到"三不"。

1．不自欺

面对逆境，我们不能像鸵鸟那样把头扎进沙堆里，也不能总是用阿Q式的精神胜利法来麻醉自己，我们应该对现实的逆境作认真的思考，既不能自欺欺人，也不能萎靡不振。

逆境已经来临就不要幻想逃避，更不能不予承认，想自己把自己蒙在鼓里是行不通的。一味怨天尤人、自怨自艾也是不行的。要知道，每个人的生命都只有一次，是喜是忧都只能由你自己承受，与其颓废消沉，倒不如主动出击，转变思路，磨砺意志，相信你的明天会更精彩。

2．不自贬

人在逆境中往往会失去自信，自轻自贱，自己看不起自己，有的甚至固执地认为自己一文不值，活在世上真对不起这个世界。这种认识大错而特错。其实，身处逆境的人，恰似一张破旧的纸币，虽然外形有些不好，但价值是一样的。

在一次讨论会上，一位著名的演说家没有讲一句开场白，而是手里高举着一张20元的钞票。面对会场里上千的听众，他问："这是多少钱？""20元！"听众异口同声。他将钞票用手揉成一团，然后问："这是多少钱？"听众还是齐声高喊："20元！"

"朋友们，你们已经上了很有意义的一课。无论我如何对待这张钞票，它还是20元，因为它没有贬值，它依旧值20元。人生路上，我们会无数次被自己的决定或碰到的逆境击倒、欺凌，甚至碾得粉身碎骨，我们觉得自己似乎一文不值。但无论发生了什么，或将要发生什么，在上帝的眼中，我们永远不会丧失价值。在他看来，无论肮脏或洁净，衣着整齐或不整齐，贫穷或富有，我们依然都是无价之宝。

生活的价值不依赖我们的所作所为，也不仰仗我们结交的人物，而是取决于我们本身！我们是独特的——永远不要忘记这一点！身处逆境要永远记住，我们的价值永远由自己说了算！如果我们不让自己的生命贬值，我们就永远有价值！"

一个人的成就绝不会超过他的期望。如果你期望自己能成就大业，如果你强烈要求自己干一番大事业，如果你对自己的工作有更大的抱负，那么，与自我贬低和对自己要求不高的心态相比，你会获得更大的收获。如果你认为自己处于特别不利的境地，并跟其他人不同，而且你认为自己不能获得别人那样的成就，如果你怀有这些思想，那么，你根本就无法克服前进路途上的那些阻碍和束缚。这种思想意识使得你根本无法成为你心中渴望的人物。

不断地自我贬损的人，总是把自己看得微不足道的人，总是认为自己不过就是活在尘世中的一个可怜人，总是认为自己绝无可能取得任何重大成就的人，这会给人们留下相应的印象，因为他们怎样感觉，他们看上去就会怎样。

我们的命运，或是我们自己认为的所谓"残酷的命运"，其实与我们自己有莫大的关系。我们经常看到有些能力并不十分突出的人却干得非常不错，而我们自己的境况反不如他们，甚至一败涂地。我们往往认为有某种神秘的命运在帮他们，而在我们身上却有某种东西总是在拖我们的后腿。其实，这就是我们的思想、我们的心态出了问题。

假定你已成为你心中的理想人物，假定你已获得你渴望的那些品质，你就会感到有一种真正的创造力。

3. 不自弃

在生活中，常常会有人因为一些小小的挫折就放弃了自己的生命，而还有一大批命运多舛，却依然不屈不挠地实现自己人生价值的人。

公元前99年9月，西汉骑都尉李陵征讨匈奴，在浚稽山被围，苦战力竭，被迫投降匈奴。时任太史的司马迁为李陵做了辩护，触怒了汉武帝，被关押入狱，处以宫刑。正所谓"诟莫大于宫刑"，这种使人羞耻的刑罚，使司马迁陷入了极度的屈辱痛苦之中，曾经产生自杀的念头，"每念斯耻，汗未尝不发背沾衣也"。但想到自己的大业尚未完成，潜心多年的《史记》还"草创未就"，于是他决定"隐忍苟活"地完成历史重任，从此他便把刑后余生的全部精力投入《史记》的撰写之中。经过10多年的艰苦工作，司马迁终于完成了《史记》。这是一部史无前例、规模浩大、组织完备，具有巨大的文史价值的伟大历史著作。全书130篇，包括"本纪"12篇、"表"10篇、"书"8篇、"世家"30篇、"列传"70篇。5种体例各有分工，又互相配合，构成纪传体通史，被鲁迅称为"史家之绝唱，无韵之离骚"。

司马迁的后半生每时每刻都生活在困厄之中，但由于他的不自弃和忍辱进取，使得他的人格、精神和《史记》一样在人类史册上化作不朽。

心灵悄悄话

勇敢地面对逆境，当不如意的时候，我们该勇敢面对。鲁迅先生说过："真的猛士，敢于直面惨淡的人生，敢于正视淋漓的鲜血。"生活中我们很多人生活惨淡，就是因为不能直面惨淡的人生。而缺乏勇气，是我们一事无成、庸碌一生的根源所在。

勇气——男儿何不带吴钩

勇气照进现实

美国内战结束后，法国记者马维尔去采访林肯。马维尔问："据我所知，上两届总统都想过废除黑奴制度，《解放黑奴宣言》也早在他们那个时期就已起草了，可是他们都没拿起笔签署它。请问总统先生，他们是不是想把这一伟业留下来，给您去成就英名？"

林肯说："可能有这个意思吧。不过，如果他们知道拿起笔需要的仅是一点勇气，我想他们一定非常懊丧。"

马维尔还没来得及问下去，林肯的马车就出发了，他一直都没弄明白林肯这句话的含义。

林肯去世 50 年后，马维尔才在林肯致朋友的一封信中找到答案。林肯在信中谈到幼年时的一段经历：

"我父亲在西雅图有一处农场，上面有许多石头。正因为此，父亲才得以以较低的价格买下。有一天，母亲建议把上面的石头搬走。父亲说，如果可以搬，主人就不会卖给我们了，它们是一座座小山头，都与大山连着。"

"有一年，父亲去城里买马，母亲带我们在农场里劳动。母亲说，让我们把这些碍事的东西搬走好吗？于是，我们开始挖那一块块石头。不长时间，就把它们给弄走了，因为它们并不是父亲想象的山头，而是一块块孤零零的石块，只要往下挖一英尺，就可以把它们晃动。"

林肯在信的末尾说，有些事情一些人之所以不去做，只是因为他们认为不可能。其实，有许多不可能，只存在于人的想象之中。

读到这封信的时候，马维尔已是 76 岁的老人，就是在这一年，他正式下定决心学汉语。据说 3 年后的 1917 年，他在广州旅行采访，是以流利的汉语与孙中山对话的。

成功其实并没有想象得那么难，它有时需要的仅仅是你的勇气，这正是一般人所缺乏的！ 保持面对现实的勇气。

面临困境的时候，我们若能直面绝境，就会激发重整旗鼓的勇气。在绝望中默默地努力，默默地等待，希望就会升起。

一位哲人说得好："**成功没有平坦的大道可走，只有敢于面对现实、不怕失败的人才能到达成功的彼岸。**"

在日常的工作或生活中，或许我们都曾有过这样的经历——我们想对某件事情发表意见或提出建议，但最终却没有开口，为什么会这样呢？因为我们担心或者害怕有人对我们的意见表示反对或讽刺挖苦。这些担心和害怕使许多人失去了勇气，打退堂鼓，也失去了很多可以成功的机会。

其实，我们的人生旅途就像一条大河，只有不怕河中的滔滔巨浪，不怕在渡河中淹死，才能最终到达成功的彼岸，这是众所周知的老话："失败其实并不可怕，可怕的是失败之后同时也失掉了信心，不能在失败中汲取教训，丧失了反败为胜的勇气。"**能否在失败之后从它的阴影中走出来，继续保持或者拥有清醒的头脑，以坚强的信心重新面对生活和自己的事业，这是一个人能否达到最终胜利的决定因素。**

1939 年，宾劳在波兰华沙正预备同他的爱人安妮结婚时，德军入侵。在一片混乱下，宾劳和其他犹太人一样被拉上一辆货车，送进了集中营。在那里，他被关到 1945 年"二战"结束。

在刚进入集中营的最初几天里，他不停地在想："安妮在哪里？"以后这些日子他开始忍受痛苦的煎熬。宾劳与其他 4000 名犹太人一样，每天只有一块面包和一碗汤。他经受着肉体和精神的双重折磨，但仍艰难地活着。

离解放的日子越来越近了，营内的人数由 4000 一下子跌到了不足 500 人。在无计可施的情况下，盖世太保的秘密警察只有把这些犯人的脚串联地缚着，然后命令他们一个跟一个地离开集中营，在严寒之中穿过雪地前进。衰弱不堪加上疾病缠身，很多人都在雪地上倒下去了，他们就被留在那里直至冻僵为止。宾劳虽然也是贫病交加，但在他内心深处有一种无形的力量在鼓舞着他，那就是一定要见到安妮，永远不放弃希望。

宾劳至今清晰地记得那个难忘的早晨，隆隆的轰鸣声自山后方传来，接着在地平线上出现了坦克，并且迅速穿过正在消融的雪地。终于，那些美军追上来解救了那些可怜的犹太人，宾劳自由了。

他想做的第一件事就是要去找安妮。此时他的内心充满了喜悦与不安：安妮是否还活着？她结婚了吗？另一个生存者告诉宾劳，他听说安妮在史杜格，有人曾在那里见到过她。

于是，宾劳长途跋涉来到史杜格。当他坐上公共汽车穿过市中心时，突然看见一个年轻漂亮的姑娘站在街头。他跳下车，旋风似的跑到她面前。他们彼此对望，在眼眸深处，他们知道彼此仍然爱着对方。他们拥抱，又哭又笑，诉说离别的痛苦。

宾劳秉承不放弃的信念，在绝境中获得重生，与自己心上人过上了幸福的生活。

因此，你若处于绝境中一定要具有不放弃的信念，因为只要信念在，希望就在。

的确，面临困境的时候，我们若能直面绝境，就会激发重整旗鼓的勇气。在绝望中默默地努力，默默地等待，希望就会升起。

要敢于梦想！敢于希望！要相信自身蛰伏着巨大的潜能！心理学家越来越认同白日梦的价值。研究表明，拥有最高智商的人，倾向于在梦想方面花费大量的时间，他们想象事情可以成为什么样子。世界上真正伟大的发明和历史的发展都起始于善于梦想者的头脑。

但是要记住，一个梦，在你努力实现它之前，仅仅是一个梦。著名作家拉尔夫·瓦尔多·爱默生是历史上最伟大的空想家之一。事实上，很多人认为他是人类史上最伟大的"神秘主义者"。而他曾经对一位积极向上的艺术家说："在艺术方面没有成功的捷径，你只能脱下外衣，研磨好水彩，像一个开掘铁路隧道的挖掘者一样整天坚持工作。"当我是一个孩子的时候，我妈妈经常告诉我："不管事情怎样，它都取决于我。"

对于每一个真正的发明来说，最少有100个类似的发明本来可以被实现的，但是，它们始终没有被实现。为什么？有两个根本的原因：很多有潜力的发明家缺乏梦想的能力；而许多善于梦想的人又不能努力把梦想变成现实。

梦想能够把我们的眼界从寻常提升到优秀的高度，给我们以希望，激励我们尝试各种可能，鼓舞我们比现在做得更好。

除非我们怀有更大、更好的梦想，不然我们就会落入美国哲学家亨利·戴维·索罗所描绘的陷阱——大多数人过着一种完全绝望的生活。

梦想实现的一个重要条件，就是愿意为把梦想变成现实付出必要的努力。

积极实践能够让我们的梦想成真，让我们的希望变成有形资产，让我们的思想变得有价值，把我们的积极性转化成行动。

心灵悄悄话

你若处于绝境中一定要具有不放弃的信念，因为只要信念在，希望就在。面临困境的时候，我们若能直面绝境，就会激发重整旗鼓的勇气。在绝望中默默地努力，默默地等待，希望就会升起。

勇气——男儿何不带吴钩

成功是对那些长期坚持不懈、辛勤奋斗的人们的赏赐，可是他们一直在看不到希望的情况下坚忍不拔地奋斗着。他们必定是依靠了勇气的力量才得以生存——在黑暗中播种，在希望中生根发芽，也许有一天就根深叶茂、硕果累累了。

崇高的事业总是要经历许许多多的失败才最后取得成功的。很多斗士在黎明到来之前就半路倒下了。因此，成功与否并不是用来衡量是否有英雄气概的标准，那些他们遇到的艰难险阻和在斗争中显示出来的勇气，才是衡量是否具有英雄气概的真正标准。

没有道德的勇气是有害的

人类历史每前进一步，都要战胜无数的艰难险阻，而已取得的每一次进步，都与那些思想先驱，伟大的发现者、爱国者，以及各行各业的英雄人物所表现出的无畏的勇气分不开。每一个真理的诞生、每一种学说的认可，都是勇于正视铺天盖地而来的贬斥、诽谤和迫害的结果。海涅说：**"伟人用灵魂说真话的时候，也是他受难殉道的时候。"**

许多人毕生都在寻求真理，他们在浩瀚的典籍中苦苦追寻，终于用辛勤和汗水揭开了真理的面纱。懦弱的人和不幸的人永远只是渴望真理而得不到真理。只有我们的勇士，为真理而战的勇士，才能真正地沐浴在真理的光辉之中，因为他们热爱真理，不惜一切捍卫真理，虽然这转瞬即逝，却是一种最幸福的情感的真切体验。

苏格拉底的学说有违于他所处时代的人们的偏见和教派精神，为此，他被判饮鸩自尽。当被指控蔑视国家守护神和败坏雅典青年时，苏格拉底凭着道德勇气，勇敢地面对专制法庭对他的控告，也面对那些不能理解他的群氓和暴民。他临死前发表了万古不朽的演说，他最后对法官们说："我即将死去，而你们还活着，但是除了英明的上帝，谁也不会知道我和你们的命运哪一个更好。"

太多的伟人和英雄死于宗教迫害。布鲁诺揭露了那个时代颇为流行却为错误的学说而在罗马被活活烧死。他面对法庭的宣判，依旧坦然地说："我如此慨然地接受你们的死刑宣判，你们会因此而害怕吧！"

布鲁诺之后便是伽利略，可能他作为一个殉道者的名声比作为一个科学家的名声还高。他因为提出了关于地球运转的观点而遭到教会强烈谴责。他在70岁因"异端邪说"被押往罗马并投入监狱。虽然没有遭到严刑拷打，但在狱中度过了余生，死后仍不得安宁，罗马教皇不允许他的尸体入土为安。

罗杰·培根是修道士，因其在自然哲学方面的研究而惨遭迫害，人们指控他的化学研究是玩弄巫术。因此，他的著作被人排斥，本人也遭到10年的牢狱之灾，这期间换过多任教皇。据说他就死在狱中。

早期的英国思辨哲学家奥卡姆被教皇开除教籍，流放到慕尼黑，幸好，德国皇帝很友好地接待了他。

宗教法庭也将维萨里视作"异端分子"，因为他揭示了人体的奥秘，就像布鲁诺和伽利略揭示了天体的奥秘一样。维萨里用实体解剖来研究人体结构，勇敢地打破了人体研究方面的禁区，为解剖学奠定了坚实的基础，却为此付出了生命的代价。他被判死刑，后来由于西班牙国王的求情，减刑为千里迢迢去朝觐圣地。可是在他回来的途中，因为发烧和贫困，悲惨地死在了桑德，当时正是他生命的旺盛时期——又一位科学的殉道者。

弗朗西斯·培根是英国鼎鼎有名的哲学家，当时他的《新工具》一书刚发表，就掀起了轩然大波，人们纷纷反对，认为这本书有产生"危险革命"的倾向。有一个叫亨利斯·塔布的博士专门写了一本书痛斥培根的新哲学（要不是这样，他的大名也不会流传到现在），将所有经验主义哲学家视为"新培根一代"。连英国皇家协会也认为，《新工具》一书所阐释的经验哲学思想会颠覆、动摇基督教信仰。

哥白尼的拥护者被宗教法庭当作异教徒加以迫害，其中一个就是开普勒。他说："我总是站在与上帝命令不一致的一边。"甚至连最淳朴、最没有心机的牛顿（伯奈特主教说牛顿是最纯洁、最聪明的人）也因为万有引力定理的发现被判"亵渎上帝"。同样，富兰克林因为揭示了雷电之谜而被判有罪。

斯宾诺莎的哲学观点有违犹太教的教义而被逐出教籍，并一直遭到追杀。但他毫不畏惧，凭着勇气自力更生，虽然非常贫困凄凉，但自信丝毫未减。

同样，笛卡儿的哲学被斥为敌视宗教；洛克的学说被说成产生了唯物主义；当今的布坎南、塞奇威克先生及其他资深地理学家被指控有推翻《启示录》中有关地形及其历史的启示的倾向。的确，无论是天文领域，自然历史领域或物理学领域，没有一个伟大的发现不会受到偏激和狭隘之人的攻击而被加以"异端邪说"的罪名。

有一些未被控诉为敌视宗教的伟大的发现者，依然受到来自同行和公众的嘲笑和谩骂。哈维博士的血液循环理论公之于世之后，医疗业务锐减，以至于被医学界公认为是个十足的傻瓜。约翰·韩特尔说："他做的仅有的几件好事，都用了极大的努力去克服困难，也用了巨大的勇气去面对各方的反对。"查尔斯·贝尔先生在神经系统研究的一个重要阶段曾写信给朋友说："如果我没有这么贫困，如果我没有遇到这么多的烦恼，我该是多么幸福啊！"他的研究已被列为生物学上最伟大的发现之一。可是，自从他的发现公之于世之后，业务也明显减少了。

由此可见，**那些让我们更加了解天国、地球和人类自身的知识领域的拓展，都离不开过去各时代中伟人的热情奉献、自我牺牲和英雄气概。无论这些伟人被怎样地谩骂和反对，他们依然昂起头勇往直前。**

我们可以从这些不公正地、偏狭地对待科学巨人的事例中得到警示。对于那些认真勤奋、诚实耐劳并毫无偏激地说出他们的信仰的人，我们应该显示出宽容的风度，而不是以势压人。柏拉图说："世界是上帝交给人类的书信。"所以，认真研读上帝的书信，我们会更加深刻地理解它的真正含义，会对上帝有一个更深入的了解，也会更加尊重上帝的智慧和力量，更加感激上帝的恩赐。

这些科学殉道者的勇气是那样令人敬佩，他们在真理面前无所畏惧，在孤独中忍受一切不公正的待遇，即使没有一丝一毫的鼓励与同情，也决不放弃他们的追求。这之中表现出来的勇气要比在炮火连天、杀声震天的战场上的勇气高尚得多。**在战场上，最懦弱的人也会因战友的同情和军中勇士的激励而勇往直前。**随着时间的推移，他们的名字也许会被人渐渐淡忘。在真理的战场上慨然赴死的人是真理最虔诚的信仰者。

这些有高度历史使命感的人，显示出了大无畏的精神，并为我们做了一些可以预见的极其睿智的历史预测。就算是一些温柔贤淑的女子，也绝不逊于男子，她们正义凛然、勇气非凡。

安娜·阿斯库被施以脱肢刑，以至于关节脱臼，她不吭一声、一动不动，只镇定地注视着施刑者的脸，不愿忏悔，更不愿放弃自己的信仰。拉迪米尔和里德利也没有哀叹自己不幸的命运，而像新娘一样欣然走向圣坛，慨然就义。其中一个愉快地说："我们今天将在英格兰点燃智慧的圣火，它在上帝的庇护下永不熄灭，它折射出的理性之光将恩泽整个英国。"还有玛丽戴，一个贵格会教徒，因其对人民群众布道被施以绞刑，在绞刑架面前，她从容不迫，一番就义演说之后，在平静快乐中死去。

虔诚善良的托马斯·莫尔先生同样具有非凡的勇气，面对断头台神情泰然，就算死也不背弃对真理的信仰。当他下定决心坚持自己的信仰的时候，他感到了前所未有的胜利。因此，他对侄儿罗波尔说："孩子，我非常感激伟大的上帝，我们的战斗胜利了。"其实，诺福克公爵早就告诉过他要注意安全："亲爱的莫尔，与帝王抗争是没有好下场的，帝王一怒之下就可以将城池变成废墟。""真会如此吗，勋爵先生？不过，我一点儿也不介意，人总是要死的，区别只在于为什么而死和什么时候死。"

勇气——男儿何不带吴钩

托马斯·莫尔不像其他许多伟人们有福气，就算在最艰难、最危险的时刻，也没有得到妻子的支持和安慰。他被羁押在伦敦塔期间，他的妻子没有给他一点儿慰藉，她根本不理解他为什么还要被监禁在那儿。那时，只要莫尔对国王点点头，就可以重获自由，就能重新拥有他在切尔西的精致漂亮的住宅，就能再次漫步于他的果园、书室和画廊，就能享受和妻子、孩子的天伦之乐。一天，他妻子对他说："我真的想不通，在这之前，你一直被认为是最精明睿智的人，而现在却傻到蹲监狱，这又臭又脏的地方，还情愿与耗子为伴。你只要按照主教们的意思做，就可以重见天日。"但是，莫尔的心丝毫未动，反而温和高兴地说："精致漂亮的住宅怎能与我热爱的真理相提并论？"他妻子不屑一顾地蔑视道："你真是愚不可及，迂腐至极！"

幸好，莫尔的女儿玛格丽特·罗波尔给了父亲无限的安慰和支持。当莫尔的笔和墨被没收之后，他只好用炭给女儿写信，其中一封信中写道："仅用一块炭就想把你对父亲的关爱带给我的安慰写下来，怎么够呀！"莫尔成了第一个坚持真理的殉道者，诚实正直使他付出了生命的代价。他的头被砍下来之后，悬挂在伦敦桥上。玛格丽特·罗波尔勇敢地请求人们把父亲的头还给她，并要求死后与之合葬。很久以后，当人们打开玛格里特·罗波尔的坟墓时，发现她仍然抱着父亲的头颅。

马丁·路德并没有因为他的信仰而丧命，但是从他反对教皇的那一刻起，随时有失去生命的危险。他刚开始伟大的斗争时，几乎是孤身奋战，形势极为不利。他自己也说："一方是博学、崇高、权贵、才华和尊严；另一方却是可怜无知、仅有少数朋友的威克利夫、洛伦佐瓦纳·奥古斯汀和路德。"当皇帝召他到沃姆斯去为他的邪说做辩答时，人们都劝他不要冒险，可是他却说："我绝不做逃兵，虽然我知道那儿的魔鬼会比这里公开张牙舞爪的魔鬼要可怕得多，但我不得不去。就是龙潭虎穴，我也必须去，我要去浇灭乔治公爵仇恨的火焰。"

路德雷厉风行，立即踏上了他危险的旅程。经过沃姆斯古老的钟楼时，他在马车上高唱："坚固的城堡是我们的上帝"，这是路德在前两天即兴创作的"马赛进行曲"。在路德会见迪埃特之前，一名叫乔治·弗伦得伯格的老军人拍拍他的肩膀说："虔诚、仁慈的修士啊，小心你的言行，你将投入比我们更艰苦卓绝的斗争中。"但是路德回答老兵的仅仅是："我会不顾一切地捍卫《圣经》和我的良心。"

路德在迪埃特面前所表现出来的非凡勇气已载入史册，它是人类历史篇章上最辉煌的一页。当皇帝最后一次劝他放弃信仰时，他坚定地说："陛下，除非《圣经》或其他明显的证据证明我错了，我才会放弃我的信仰，否则，我决不放弃，因为我必须忠诚于我的良心。我要告诉你的是，上帝也赞成我的做法。"

后来，他又在奥格斯堡遭到敌人的百般刁难，可他说："如果我有5万颗脑袋，为了我的信仰，我也宁愿全部失去。"像所有英勇的人一样，路德的勇气随着困难的增加而增加。霍顿曾说："在德国，没有人比路德更视死如归。"我们的确应该把现代的思想自由以及对伟大的人权的维护归功于每个像路德这样的人，但路德的贡献似乎是最大的。

高尚勇敢的人决不会忍辱偷生。保皇主义者厄尔斯·特拉福德走向塔山的断头台时，其坚定的步伐和无畏的精神不像一个被判死刑的犯人，却像一个率领千军万马去夺取胜利的将军。

英国的约翰·埃利奥特先生在同一地点被处以极刑。他说："我宁可死一万次也不愿背弃我纯洁的良心，它在我心中胜过世上的一切。"最让埃利奥特放心不下的是他的妻子，但他不得不弃她而去。他在赴刑场的路上看到妻子正透过塔楼的窗户注视他，他立即站起来，挥舞着礼帽喊道："亲爱的，我要去天堂了，却把你留在了地狱。"这时，人群中有人喊道："这是你一生中坐过的最光荣的座位！"他十分兴奋地答道："是的，你说得太对了。"而且，他在《狱中随想》中写道："死有什么可怕，生死是人生必经的时刻。死得其所远远强于忍辱偷生。明智的人只有发现生比死更有价值，才会顽强地生存下去。寿命的长短并不代表了人生价值的高低。"

成功是对那些长期坚持不懈、辛勤奋斗的人们的赏赐，可是他们一直在看不到希望的情况下坚忍不拔地奋斗着。他们必定是依靠了勇气的力量才得以生存——在黑暗中播种，在希望中生根发芽，也许有一天就根深叶茂、硕果累累了。崇高的事业总是要经历许许多多的失败才最后取得成功的。很多斗士在黎明到来之前就半路倒下了。因此，**成功与否并不是用来衡量是否有英雄气概的标准，那些他们遇到的艰难险阻和在斗争中显示出来的勇气才是衡量是否具有英雄气概的真正标准。**

那些屡败屡战的爱国者，那些在敌人得意扬扬的叫嚣声中慨然赴死的殉道者，以及那些伟大的探险者，比如哥伦布，在艰苦的远航岁月里依然保持了一颗顽强的心，他们才是崇高道德的楷模。比起那些完美的显著的胜利，他们有更激动人心的一面。那些在肉搏战中表现出来的勇武行为在他们面前简直微不足道。

但是，**无论如何，我们更需要生活中的勇气，比如诚实、正直，它们不像历史事件中所表现出来的英雄式的勇气，而是真实生活的勇气。**因犹豫不决和懦弱导致的不幸和罪恶，其实就是缺乏勇气的表现。他们知道什么是对，什么是自己应尽的职责，可就是没有勇气付诸实践。他们软弱而缺乏磨炼，在诱惑面前俯首跪拜，根本没有说"不"的勇气。如果他们交友不慎，就更容易误入歧途。

毫无疑问，坚强的性格出自积极饱满的行动。没有果断的性格，就没有顽强的意志，也就不能抵制邪恶力量的侵蚀，更不用说为善了。当你想放弃努力的时候，决心会拉你一把，并赐予你力量，如果这时候你有一丁点儿的屈服，你就很有可能踏出了自我毁灭的第一步。

无论什么时候，都不要依赖于他人，否则有害无益。尤其在危急关头，依靠自己的力量勇敢地做出决定才是最重要的，千万不要像马其顿国王一样，在战斗中，以祭祀海格拉斯请求神助为名，撤入附近的一个小镇，让对手伊米纽斯趁机赢得了胜利。

这个道理同样存在于日常生活之中。很多人把勇气挂在嘴上，而不是落实在行动上。他们设计了很多方案，却从未有所行动；准备了很多事情，也从未真正着手，这一切都是缺乏勇敢决断的后果。**做比说要艰难得多，但是只有将说的落到实处，才能保证得到自己期望的成果，长篇大论是没有结果的。**

迪洛生说过，就算情况再明朗，决断再紧迫，对于那些意志薄弱、优柔寡断的人来说，要做出一个明确的决断，依然困难重重。一心想过新生活，又不付诸行动，就像一个人把吃、喝、拉、撒、睡从一天推迟到另一天，结果自讨苦吃。

很大程度上，道德勇气对抵制这种"社会"不良影响是必不可少的。平凡、庸俗的格兰蒂夫人对社会产生了巨大影响。很多人，尤其是女人，成为他们所属阶级的道德规范的奴隶。一种无意识的彼此反对的心态在他们中间悄然滋生。他们在各自的圈子里保持遵从着自己的风俗习惯，从不触犯禁忌，甘心将自己封闭在传统习俗与思想的牢笼里。真正有勇气跳出他们的怪圈进行独立思考的人很少，有的人甚至在负债、破产、痛苦中吃喝挥霍，仍然按照本阶级的礼仪、习惯生活，而不会去找寻适合于自己的生活方式。这种畸形化的时髦，正表明了格兰蒂夫人的影响的普遍存在。

不仅在私人生活中，在公众场合，人们所表现出来的道德懦弱也相当严重。势利已经从富人之间蔓延到了穷人堆里。过去，人们只是对地位高的富人阿谀奉承；现在，对地位低下的穷人一样不敢讲真话。如今的政治权力掌握在"大众"手里，讨好"大众"已成了一种社会趋势。他们赋予大众的美德连大众自己都知道不具备。公开阐明事实真相的办法行不通了，只好提一些模棱两可的无法实现的观点以迎合人民群众的口味，从而得到人民群众的拥护。

现在，迎合那些文化水平低下的人显得极为重要。为了得到选票，连身份尊贵、地位显赫、教养极佳的人也不得不去奉承那些愚蠢无知的人。由此可见，他们是多么厚颜无耻，放弃了准则，抛弃了正义，与那些勇敢高尚的人相比，他们更容易卑躬屈膝，服从于偏见。逆流而上靠的是勇气和力量，而"死鱼"们只能随波逐流。

近年来，这种迎合大众的奴性趋势迅速蔓延，使得公务员形象一损再损，良心也越来越具有伸缩性。人们经常私下一套，公众场合又一套，而且迎合公众的那一套观点在私下里却受到批判。虚伪的党派利益争斗越来越普遍，就连伪善也是极其平常的了。

道德上的懦弱已经扩散到了社会各个阶层。俗话说："上梁不正下梁歪。"上层人物的伪善和趋炎附势必定导致下层群众的伪善和趋炎附势。他们会向高处看齐，学会上层人物的推托闪躲与模棱两可。因此，我们还能要求社会下层群众鼓起勇气阐释自己的独特观点吗？给他们个密封的小盒子，让他们享受"自由"去吧。

当今社会，一个人的名望并不意味着拥护和支持，而往往成为反对一个人的依据。俄罗斯的一则谚语说得好："即使是脊梁笔直的人，也休想从荣誉中站起来。"那些追求名利的人的脊柱是由软骨构成的，不管在什么情况下，都能轻而易举地朝各个方向弯腰屈膝，以求得大众拥护，在他们脸上，没有一丝一毫的羞耻之色。

杰勒米·边沁谈及一位著名的公众人物时说："他的政治纲领更多的是来自对少数人的恨，而不是对多数人的爱。他的政治纲领更多渗透着自私自利和反社会的情感。"没错，这种用阿谀奉承掩盖真相，书写低级趣味的东西，甚至散布阶级仇恨来获得的名望，在正直人的眼中简直龌龊不堪、无耻至极。可是，在我们这个社会中，又有几个人不是这样的呢？

即使在谎言成为一种潮流的情况下，那些品格高尚的人依然毫不畏惧地讲述真理。哈金森的妻子说他从不刻意追寻大众的喝彩，也不会因为大众的喝彩而感到自豪，相反，他更注重去做好一件事。他绝不会为了荣誉而去做一些有违他良心的事，却会去做那些在全世界人眼中都非常卑微的好事。因为他是用事物本身的是非曲直来判断是否应该去做，而不是用世俗的笼统估计和推测来衡量事物本身。

心灵悄悄话

　　成功是对那些长期坚持不懈、辛勤奋斗的人们的赏赐，可是他们一直在看不到希望的情况下坚忍不拔地奋斗着。他们必定是依靠了勇气的力量才得以生存——在黑暗中播种，在希望中生根发芽，也许有一天就根深叶茂、硕果累累了。

勇气——男儿何不带吴钩

自信也是勇气的表现

约翰·帕金顿在 1867 年伍斯特举行的一次公共集会上说了一句相当精辟的话——"名望，通常情况下并不值得去追求。"**只要认真履行你的义务，努力做好自己的本职工作，得到良心上的安慰，名望也就自然而然地来到了你的身边。**

受欢迎的程度并不代表着名望的高低。在这方面，理查·德洛弗尔·埃奇沃斯看得比较透彻，他在晚年很受邻里欢迎。有一天，他对女儿说："玛丽娅，我变得越来越受欢迎了，这是多么可怕的事情啊！我很快就会变得一文不值。受欢迎的人总是一文不值的。"也许，他此时正想着福音书里对很受欢迎的人的诅咒："**赞扬包围你的时候，也是灾难降临的时候。**"

顽强的信念是一个人自立自强的关键因素之一。一个人必须得有勇气站出来，而不是老躲在别人后面做别人的影子。他必须依靠自己的力量，独立自主地思考、行动，并阐述自己的思想观点。否则，不会表达自我的人必定是懒人，不能表达自我的人就是白痴。

然而，许多有出息的人就是因缺少这种顽强的信念而使他们的亲友失望。他们的勇气在行动中日渐消弭，他们的果敢和毅力也在行动中逐渐消退。他们处处算计着风险，时时掂量着机会，等到机会错过的时候后悔莫及。

人们勇敢地阐述真理，应该是出于对真理的热爱。共和国时期的约翰·比姆说："我宁可为真理而死，也不愿真理因我而湮灭。"当一个人的信念诚实而坚定，观点公正而成熟，他就完全可以将其付诸实践。如果在该说实话的时候不说，在该提反对意见的时候沉默不语，那么这不仅是一种怯懦，更是一种罪恶。**在某些情况下，罪恶是欺软怕硬的，你越妥协，它就越凶恶，只有顽强的抗争才能将其消灭。**

诚实正直的人蔑视欺诈，正义凛然的人鄙弃压迫，善良纯洁的人反对邪恶。他们不仅与这些社会陋习做斗争，并在可能的情况下彻底地消灭它们。这样的人是道德的楷模，他们的仁爱和勇气无疑使他们成了社会的中流砥柱。可以说，这个世界之所以会摆脱自私和罪恶的统治，就是因为有了这些伟大的改革家和殉道者坚韧不拔的斗争，他们是谬误和恶行的克星。在我们周围，克拉克森、格兰·维尔夏普、马修神父和理查德·科布登等人用生命阐释了高尚品格对社会的巨大影响。

坚强、勇敢、自信的人是世界的引导者和主宰者，而软弱、无能、胆怯的人只能白白地在世界走一遭，没有留下任何痕迹。正直果敢、积极向上的人是一道灿烂的光芒，照亮人们心灵的同时为人们所铭记；他们的精神、思想和勇气激励着一代又一代人不断奋斗。

在各个时代中，精力产生了奇迹。作为意志的重要标志，精力还是人格魅力的力量来源，是一切伟大行动的动力所在。意志坚定的人会为了正义的事业勇往直前，比如戴维，就算有个恶魔拦在他面前，他还是会坚定地朝格里斯走去。

人们常常在自信中战胜困难，而这种自信往往能传染给周围的人，使他们迎难而上。恺撒在远航时突遇风暴，狂怒的海风和滚滚的波浪使船员们惊慌失措。"你们这么害怕做什么？有我恺撒在！"恺撒这声极富震撼力的吼叫震住了船上的人，也深深感染了他们，连最怯懦的人也安静了下来，与恺撒并肩作战。

意志坚定的人绝不屈服于艰难险阻，更不会望而却步。当第欧根尼决定做一名安提修斯的信徒时，他便不顾一切了。就算安提修斯举着鞭子威胁他，他也毫不动摇，他说："打吧！你的鞭子有多硬，我的决心就有多坚定。"安提修斯无话可说，深深地为他的毅力所感动，

勇气——男儿何不带吴钩

便收他做了门徒。

精力和才智的有机结合才能造就人们坚强的品格，只有才智没有精力就像有了发动机没有汽油一样无法运转。人有了精力就有了做事的能力、活力和动力。一个人如果具备了精力、智慧和沉着冷静的处事原则，就能拥有无穷的力量去干好任何一件事情。

所以，能力平平的人往往因其过人的精力做出了非比寻常的成绩。应该说，**对世界最有影响力的不是那些最有天赋的人，而是那些信念坚定、勇气非凡、精力超群的人**，像穆罕默德、路德、诺克斯、加尔文、劳拉、韦斯利等就是这样的人。

勇气配以精力和毅力，就能战无不胜。勇气给人前进的动力，它绝不允许人畏缩后退。廷德尔说法拉第"在激动的时候做决定，在冷静的时候坚定信念。"即使最平凡的人，只要拥有了不屈不挠的毅力，就会得到丰厚的回报。一味依赖他人没有一点好处。当迈克尔·安吉洛的一个主要庇护者逝世的时候，他说："我终于发现，这个世界大部分的承诺是虚幻的，只有相信自我，发挥自身价值，才是最好、最安全的途径。"

心灵悄悄话

诚实正直的人蔑视欺诈，正义凛然的人鄙弃压迫，善良纯洁的人反对邪恶。他们不仅与这些社会陋习做斗争，并在可能的情况下彻底地消灭它们。这样的人是道德的楷模，他们的仁爱和勇气无疑使他们成了社会的中流砥柱。

勇气不是男人的专利

勇气并不排斥温柔。**勇敢的男子身上的温柔也并不比女子少。**查尔斯·纳皮尔很尊重他人，绝不拿他人开玩笑。他的兄弟，历史学家威廉先生也同样如此。詹姆斯·奥特勒姆被查尔斯·纳皮尔称为"印度的贝亚德"，即集勇敢和柔和于一身的人。他敬重妇女、尊老爱幼、善待弱者，鄙视堕落、反抗邪恶。正如富尔克格·富维尔评价西尼那样："他崇高的品格无与伦比，他是征服者、改革者、开拓者，他的每一次行动都那样伟大而勇敢，而且他的最高追求是为国家、为人民鞠躬尽瘁。"

爱德华王子取得了波伊克尔战争的胜利之后，居然设宴款待他的俘虏——法国国王和王子，还坚持从旁服侍。这一谦恭举动完全赢得了法国国王和王子的心，就像在战场上用勇敢俘获他们的人一样。事实上，年轻的爱德华王子已经是个真正的勇士了，他勇气非凡、风度翩翩，是那个时代骑士的典范。他高尚的品质还体现在他的座右铭上："崇高的精神和虔诚的服务"。

勇敢的品格使人宽厚慷慨。在纳斯比战役中，费尔·法克斯将缴获的敌方军旗交由一个普通士兵保管，那个士兵居然吹嘘是自己得到的，费尔·法克斯听到后并不生气，反而说："让他吹吧，反正我的荣誉已经够多的了。"

道格拉斯在班洛伐本战役中，看到战友伦道夫寡不敌众时，立即予以援助。一旦击退了敌军，他就对部下说："好了！我们来得太迟了，帮不上什么忙了。我们不要分享他们辛辛苦苦得来的胜利果实吧。"

许多事情的性质都由做事的方式而定。慷慨无私地做一件事，就会被人认为是友善的举动；满腹牢骚地做一件事，就会被人们看作小气。本·约翰逊困厄不堪的时候，国王派人给他送去了微不足道的祝福和一笔赏金。率直的诗人毫不犹豫地说："他一定是看我住在穷巷里才送我东西，其实，真正住在穷巷里的是他的灵魂。"

依照我们的观点，勇气在品格的形成过程中扮演着重要的角色，它不仅是生活之源，而且是幸福之源。人生的不幸之一就是怯懦，所以明智的人总是要把他们的子女培养成无所畏惧的人。由此可见，**无所畏惧的习惯和注意力、勤奋、钻研精神、快乐的习惯一样，是可以培养的。**

其实，生活中的很多恐惧都是自己幻化出来的。很多困难本可以用勇气去摆平，可是幻想出来的恐惧使我们退却了。所以，我们要控制这可怕的想象，不要让想象创造出来的负担压得无法喘息。

通常，勇气教育并没有被纳入女子教育之中。可是，我们要知道，勇气教育比音乐、法语，或是象征着君主权力的小金球更重要。我们并不赞同理查·德斯尔的观点，他说女子应该温柔可爱且胆小自卑。我们说，女子应该接受勇气教育，从而更加自强和快乐。

胆怯和恐惧不是什么可爱的东西。无论是意志上的懦弱，还是身体上的软弱，最终都是兴趣的绊脚石。除了极其温和亲切之外，任何形式的恐惧都是卑鄙可憎的，唯有勇气是高贵而尊严的。艺术家阿里·谢弗曾写信给女儿说："亲爱的女儿，一定要勇敢些、热情些、温和些，这些是女孩真正高贵的品质。每个人都会遇到麻烦，但无论幸福或是痛苦，都应该举止端庄，活出尊严，这才是看待命运的正确方法。就算命运对我们和我们所爱的人不利，我们也不能失去勇气。不懈地奋斗，这是生命的真谛。"

在疾病缠身和痛苦悲伤的时候，女子最勇敢，也最少抱怨，她们像男子一样以坚忍和勇气与不幸做斗争。但现实生活中，她们往往会受着细微恐惧和琐屑烦恼的折磨，久而久之，会使她们产生不健康的情感倾向，甚至毁灭她们的生命。

矫正这种不健康的情感倾向的最好方法是加强她们的道德修养和心理训练。女子品格的发展和男子品格的发展一样，都少不了精神的力量。它能使女子在紧急情况下镇定、沉着地开展行动，并取得有效成果。女子用品格捍卫美德和信仰。虽然青春易逝，但品格永远焕发出迷人的光彩。

本·约翰逊的诗显示了一个女子高贵的形象："我心中的她彬彬有礼、温和谦逊；我心中的她宽厚友善、古道热肠；我心中的她机智勇敢、魅力无穷；我心中的她纺纱织布、量体裁衣，无所不会；更重要的是，她主宰着自己的命运，拥有自由自在的生活。"

大多数情况下，女子的勇气都藏而不露，不过在一些特殊情况下，她们身上一样显现出英雄的坚忍。曾有个叫格特鲁德·冯德沃特的女子，她丈夫因被错判为暗杀艾伯特皇帝的帮凶而被处以车裂。临刑前，她一直陪伴着丈夫，两天两夜不曾离去，勇敢地对抗着皇帝的怒火和凛冽的寒风，因为她深知丈夫的清白。

但女子的勇气并不是都是这种因爱而生的勇气，当责任感和使命感逼近时，她们也极富英雄气概。当追杀詹姆士二世的反叛者闯入他在珀斯的住所时，这位国王只好让女眷守卫大门，以便给他充足的时间逃跑。那些反叛者以前就破坏了门锁，用钥匙无法打开；当他们闯入女眷们的房间时，发现门闩已被移走。此时，勇敢的凯瑟琳·道格拉斯用胳膊当门闩，阻止反叛者前进，她一直坚持到手臂被砍断。其他的女眷也英勇顽抗。

夏洛特·德特里·莫莉捍卫莱瑟家族的斗争，也是体现高贵女子的英雄勇气的典型例子。当议会军队劝她投降时，她说她答应过丈夫要保卫家庭，除非她丈夫下令，否则绝不屈服，而且坚信上帝的保佑和解救。在布置防御工事时，没有一件事因她的疏忽而被漏掉。她在忍耐中显示着一份刚毅。这位威廉·拿骚和科里奇海军元帅的光荣子

勇气——男儿何不带吴钩

46

嗣，就这样坚守了家园整整一年，其间还有三个月的猛烈轰炸，直到国王的军队击退了敌军，这场防御战才算结束。

至于富兰克林夫人的勇气，我们也早已铭记在心。就算其他人都认为寻找富兰克林的下落已是天方夜谭，她仍不放弃努力，于是最后，皇家地理学会决定授予她"发现者奖章"。其时，她的好友罗德里克默奇森说："富兰克林夫人优秀的品质一直感动着我，她屡败屡战，毫不气馁。经过 12 个漫长春秋的探险，终于发现两大事实，即她的丈夫穿越过无人横越过的海洋，并在一条西北通道中丧生。所以她得到这个回报完全是她应得的荣誉。"

但是，那种恪尽职守的勇气更多地表现在女子所做的一些鲜为人知的仁慈之事上。**她们只是悄悄地将这些事干好，远离公众的目光，也不期待得到什么荣耀，所以，一旦荣誉降临，她们反倒觉得是一种负累。**有谁不知道探监者福瑞夫人和改革家卡彭特夫人？有谁不知道倡议海外移民的奇泽姆夫人和赖伊夫人？又有谁不认识倡导医护事业的南丁格尔小姐和加赖特小姐？

这些女子走出家庭生活，从事慈善事业，这正是一种道德勇气的体现。似乎女子就应该文静优雅，生活于家庭的小圈子中，可是在她们想去寻找更广阔的天空时，谁也无法阻拦。人们可以凭着一颗热情之心帮助左邻右舍，而她们从事慈善事业是作为一项义务在履行，并不是有意的"选择"，完全是出于良心，不求名，不为利，只求问心无愧。

在众多的监狱探访者中，比起福瑞夫人，萨拉·马丁并不那么出名，但实际上她的工作做得极为出色，充分显示了女子的忠诚和勇气。

萨拉出身贫寒，很早就失去双亲成了孤儿，只和祖母相依为命。在雅茅斯附近的卡斯特替别人做针线活儿维持生计，但每天只能赚到可怜的 1 先令。1819 年，一位妇女因虐待孩子而被判监禁，关押在雅茅斯监狱中，这一事件顿时成为小镇上人们茶前饭后的话题。萨拉，这位年轻的缝纫女工被这一审判报道所深深触动，产生了想去监狱探访并引导这位母亲的念头。以前，她每次经过监狱的围墙时，总有一股进去探视犯人的冲动，她想给他们念《圣经》，以便帮助他们重返社会。

终于有一天，她无法抑制内心的冲动，决定进去见一见那位囚犯母亲，于是她跨进监狱的门廊，敲了敲门环，请求看守让她进去，可是被拒绝了，她没有灰心，又重新返回监狱，再一次提出她的请求，这一次她得到了许可。一会儿工夫，那位母亲就出现在她面前。当这位囚犯母亲得知萨拉的来意时，被深深感动了，泪流满面地向萨拉道谢。也正是这些感动的泪水和感激的话语，影响了萨拉的一生。从此，这位贫穷的缝纫女工一边做针线活儿维持生活，一边利用空闲时间去监狱探视囚犯，努力感化他们，帮助他们改邪归正。那时并没有什么牧师和女教师，但萨拉同时扮演着这两个角色，给他们朗读《圣经》，教他们读书写字。除了闲暇时间和星期天之外，萨拉还特地在一星期中抽出一天来做这些事，她说："这是上帝的祝福。"她教女犯们编织、缝纫及裁剪技术，把她们生产的产品拿出去卖，赚回来的钱用于生产原料的购买和继续从事她的教育工作；她也教那些男囚犯们编织草帽和各种男式便帽，制作灰棉衬衫，缝缀各色布料，这样，他们就不会无所事事，而且懂得重新做人的乐趣。萨拉从这些产品收入中取出一部分设立了一个基金，用于犯人出狱后安排工作，使他们能靠自己的诚实劳动立足于社会，同时，萨拉也感到了无比的欢欣和满足。

由于萨拉把太多的心血都倾注她的狱中工作，以至于服装制作业务明显下降，这使她面临了一个难题，是暂停狱中的工作，恢复她的服装业呢？还是继续专注狱中工作？萨拉毅然选择了狱中工作，她说："我早已权衡了这其中的利害得失。我给那些犯人传授真知的时候，我感到自己是一个很富有的人。这是上帝的旨意，我不得不做。而我个人的得失简直微不足道。"萨拉仍然每天花 6～7 个小时帮助那

勇气——男儿何不带吴钩

些囚犯改邪归正，使他们在出狱后正常地生活与工作，并成为有用的人。有时新囚犯桀骜不驯，但萨拉都以耐心和宽容赢得了他们的尊重和合作。无论是屡教不改的惯犯、衣冠楚楚的伦敦扒手、失足成恨的少年，还是吊儿郎当的水手、行为放荡的女子、走私者和偷猎者，都受到她爱的感化，第一次拿起笔来写字。她赢了他们的信任，倾听他们的哭泣和忏悔，给予他们坚定的信心，引导他们走入正途。

在从事这项高尚工作的20多年里，这位诚挚善良、古道热肠的妇女，几年没有得到任何鼓励和支持。她只是靠她祖母留下的每年10～12英镑和微薄的制衣收入维持生活。在萨拉从事狱中工作的最后两年，雅茅斯镇长得知她的工作为政府节省了配备监狱牧师和教师的法定开支后，决定支付她12英镑的年薪作为报酬。但这一举动却深深伤害了萨拉的感情，她并不想成为政府的带薪管理人员。

然而，当局的监狱委员会很粗鲁地告诫她："你要是不想被赶出去，你就必须接受这个条件。"这样，萨拉成了年薪12英镑报酬的监狱管理人员。但当时萨拉已经年老体衰，加上监狱的不良环境，两年后她就倒下了。临终之际，她重拾写作之笔，创作诗歌。从文学作品角度看，她的诗并不出色，但字里行间都倾注了她满腔的热情。其实，她的一生就是一首极其美妙高尚的诗——充满了真诚、勇气、坚毅、慈爱和智慧。

她的人生诗篇正验证了她的一句话："愿所有人都能幸福。"

心灵悄悄话

女子品格的发展和男子品格的发展一样，都少不了精神的力量。它能使女子在紧急情况下镇定沉着地开展行动，并取得有效成果。女子用品格捍卫美德和信仰。虽然青春易逝，但品格永远焕发出迷人的光彩。

第三篇　勇气的无穷力量

　　罗斯福说过:"害怕,这是我们唯一要害怕的东西——模糊的、莫名的、轻率的、毫无根据的恐惧。那会让自己变得莫名的胆怯,会让我们为了前进所付出的努力都付诸东流。"

　　人生中有许多困难,令我们不可避免地产生怯懦心理,但我们只有正视它,正面迎击才会发现,那不过是我们自己加诸于自己的恐惧,它其实并不可怕。

　　只敢于冒险不行,还得善于冒险,遵从中庸之道的冒险行为就是善于冒险。中庸不是保守,它是稳重,是能找到一件事情黄金分割点的一种思想。

怯懦无法摆脱只能打败

西点军校世人皆知，在西点军校流传着这样一句格言："不勇敢打败怯懦，就得一辈子躲着它。"是这样的，我们生活中的恐惧，往往比不上我们想象中的恐惧来得可怕。

只是我们生活中太多人把困难扩大化了，在没有行动之前，就已经被困难降了三分士气。因此，我们只有鼓足勇气去克服怯懦，才能勇敢地战胜它而不是一辈子躲着它。

这就好比游泳，如果我们克服不了对水的恐惧，那么只能一辈子做个旱鸭子；如果我们克服了怯懦，那么就会发现原来水的浮力竟然如此强大。

人生中有许多困难，令我们不可避免地产生怯懦心理，但我们只有正视它，正面迎击才会发现，那不过是我们自己加诸于自己的恐惧，它其实并不可怕。

美国巴顿将军从小就将杰克逊的一句名言视为自己的格言，那就是："不让怯懦左右自己。"当他练习马术时，他总是选择最难以逾越的障碍物和最高的跨栏。

在平时的狙击训练时，他总是踩着安全线进行练习，他的格言是："我要看看自己在面对困难时有多害怕，才能够锻炼自己打败怯懦。"

1909 年，巴顿被任命为骑兵连少尉，保卫芝加哥以北 27 英里的谢里登堡。初出茅庐之际，他就因为在那里驯服了一匹疯马而闻名，当时马匹踢中了他的脸颊，鲜血直流，但是他依然冷静处理并降服了这匹马。面对困难,巴顿思考的是自己要如何克服和战胜困难,而不是逃避。

很多时候我们是否能够跨越障碍不是取决于我们的能力,而是取决于我们的心态。

就如,曾经有知名的举重运动员说过:"我之前一直无法举起500磅的重量,总是停留在498磅,因为当我知道这是500磅时,我就没能战胜自己的怯懦。然而有一天,教练对我说,举起495磅就可以休息了。

于是我成功地举起了这个重量,然后教练才告诉我,那其实是506磅的重量。我就这样做到了,自此以后,500磅对我来说不再是一道坎。"

著名的《哈利波特》系列电影的第三部中有这样一个片段给人们留下了深刻的印象,那就是小哈利成功地施展了许多优秀的成年巫师都难以施展的守护神咒来对抗摄魂怪的攻击。

原本哈利在练习中根本无法释放完整的守护神,只能做到让魔杖散发出淡淡的白色雾气,那并不能真正抵抗摄魂怪。然而当他真正面对摄魂怪、面对生死存亡之际,他看见远处一个长得很像自己的人施展了完整的守护神咒,释放了他的守护神来帮助自己脱离了危险,当时他以为那个强大的巫师是自己已经去世的父亲。

当哈利通过时光机器回到自己面对危险的那一刻时,他才突然醒悟。那个救了自己的强大巫师不是别人,而是他自己,于是他冲了出去,召唤自己的守护神驱赶了摄魂怪。后来,当赫敏赞叹哈利居然能够如此完美地施展这样高难度的魔法时,哈利的回答就是:"我知道我能做到,因为当时我就知道我已经做到了。"

哈利曾经对于摄魂怪,对于施展守护神咒有着或多或少的怯懦,但是当他必须面对且充满自信的时候,他成功了。如果哈利不能够打败自己的怯懦，恐怕他就只能一辈子躲着摄魂怪了。

事实就是如此，只有你鼓起勇气的时候，你才能发现自己的力量。

美国将军麦克阿瑟童年时期就经常随着同样是美国名将的父亲驻防美国西部的荒漠地区希尔登堡。有时他听到战场上锣鼓齐鸣、马匹嘶吼的巨响时，5 岁的他会忍不住哭泣，然而父亲却会嘲笑他的胆怯。

小小的麦克阿瑟有时会忍不住反问："爸爸也会对着国旗流泪，你也是胆怯吗？"

这一次他的父亲回答了他："一个男子汉可以为了光荣和自豪感而流泪，却不能为了害怕和恐惧而哭泣。"

这个答案伴随了麦克阿瑟的一生，让他明白了"泪水只为荣誉而流"。在他晚年的回忆录中曾经写道："我最早的记忆就是军号声，父亲教导我要拥有坚强的个性。"

松下幸之助曾经说过："在人生旅途中，不时穿插崇山峻岭般的起起伏伏，时而风吹雨打，困顿难行；时而雨过天晴，鸟语花香。总希望能够振作精神，克服困难，继续奔向前程。"

人生之路从来就不是铺满鲜花的，要完整地走好自己的人生之路，我们就必须有时染上尘埃，有时穿越泥泞，有时横渡沼泽，有时行经丛林，一路披荆斩棘，才能到达人生的终点。正因为我们知道生活不会一帆风顺，所以我们更需要战胜怯懦，微笑面对一切困境。

每个人都有自己的人生之路，人生之所以精彩，是因为你永远不能确定明天会发生什么。但无论发生什么，无论面临怎样的困境，我们所能做的只有挺起胸膛，顺着自己的路走下去，不能逃避。当你面对困难的时候，不要哭泣。

因为如果在一个想让你哭的人或境况面前流泪，就是失败。越是这种时候，越是要微笑，顽强地战胜怯懦。

微笑地面对困难是最好的姿态，因为只有微笑着继续前行才是面对困境的唯一出路。在合适的时机微笑，漫天的乌云都会消散。微笑着面对困难吧，因为困难是让弱者逃跑的噩梦，却是让勇敢的人前进的号角。

🦋 心灵悄悄话

我们生活中的恐惧，往往比不上我们想象中的恐惧来得可怕。只是我们生活中太多人把困难扩大化了，在没有行动之前，就已经被困难降了三分士气。因此，我们只有鼓足勇气去克服怯懦，才能勇敢地战胜它而不是一辈子躲着它。

勇气——男儿何不带吴钩

害怕，是我们唯一要害怕的

罗斯福是美国历史上著名的半身瘫痪的总统，而且在他任职期间，美国弥漫着对经济危机的恐惧，银行体系面临崩溃。面对这样的情况，罗斯福兑现了他在首次就职演说时提出的"无所畏惧"的口号，采取了果断而紧急的行动，包括重建法案等，以至于他的民意支持率一度超过了上帝。正如罗斯福的名言说的那样：**"害怕，这是我们唯一要害怕的东西——模糊的、莫名的、轻率的、毫无根据的恐惧。那会让自己变得莫名的胆怯，会让我们为了前进所付出的努力都付诸东流。"**

是的，失败的原因往往不是能力低下或力量薄弱，而是信心不足，克服不了恐惧的心理，还没有上场就已经败下阵来。在现实生活中，克服恐惧心理也是成就一番大事业的必备条件。敢于想，敢于做才会有机会成功。人们总是不惜代价逃离这些恐惧源，而多少次只是因为我们太过于恐惧，造成我们与机会擦肩而过。

对于成天担心害怕的人来说，这个世界上总是存在着危险的。就像一个农夫既害怕不下雨又担心虫子危害而最后什么也没往田里种一样，这才是最大的危险。

著名的格兰特将军无所畏惧的品质是众所周知的，同时这些品质也给所有和他接触过的人留下了深刻的印象。艺术家弗兰克·卡本特在白宫创作《独立宣言的签署》时，曾经经历了一段非常焦躁不安的时期，他问一名文职官员："与其他将军相比，格兰特留给你印象最深的是什么？"那名官员回答说："他最突出的特征就是对目标勇往直前的冷静坚持。他从不畏惧，一旦他盯住了某样东西，那么没有任何事物能动摇他的意志力。"

在面对更多困难和挑战的时候，我们不是输给了困难本身，而是输给了自身对困难的畏惧。不要被困难吓倒，用平常心来对待，往往能把问题解决得更好。

1976 年的某一天，德国葛根廷大学，一个很有数学天赋的 19 岁青年吃完晚饭，开始做导师单独布置给他的每天例行的 3 道数学题。前 2 道题在两个小时内就顺利完成了。第 3 道题写在另一张纸条上：要求只用圆规和一把没有刻度的直尺，画出一个正 17 边形。

他感到非常吃力。时间一分一秒地过去了，第 3 道题竟然毫无进展。这位青年绞尽了脑汁，但他发现，自己学过的所有数学似乎对解开这道题都没有任何帮助。

困难反而激起了他的斗志：我一定要把它做出来！他拿起圆规和直尺，一边思索一边在纸上画着，尝试着用一些超常规的思路去寻求答案。

当窗口露出曙光时，青年长舒了一口气，他终于完成了这道难题。见到导师时，青年有些内疚和自责。他对导师说："您给我布置的第 3 道题，我竟然做了整整一个通宵，我辜负了您对我的栽培……"

导师接过学生的作业一看，当即就惊呆了。他用颤抖的声音对青年说："这是你自己做出来的吗？"

青年有些疑惑地看着导师，回答道："是我做的。但是，我花了整整一个通宵。"

导师请他坐下，取出圆规和直尺，在书桌上铺开纸，让他当着自己的面再做出一个正 17 边形。

青年很快做出了一个正 17 边形。导师激动地对他说："你知不知道？你解开了一桩有两千多年历史的数学悬案！阿基米德没有解决，牛顿也没有解决，你竟然一个晚上就解出来了。你是一个真正的天才！"

原来，导师也一直想解开这道数学难题。那天，他是因为失误，才将写有这道题目的纸条交给了学生。

每当这位青年回忆起这一幕时，总是说："如果有人告诉我，这是一道有两千多年历史的数学难题，我可能永远也没有信心将它解出来。"

这位青年就是数学王子高斯。

当高斯不知道这是一桩两千多年历史的数学悬案的时候，仅仅把它当作一般的数学难题而已，只用了一个晚上就解出了它。高斯的确是天才，但如果当时老师告诉它那是一道连阿基米德和牛顿都没有解开的难题，结果可能就是另一番情景了。

困难的出现经常出人意料，但只要勇敢坦然地面对，不被困难吓倒，就能克服看似克服不了的困难。**那些一开始就被困难带来的困境和声势吓倒的人，注定是要失败的。**所以，面对困难时，应该更多地去排除干扰，认定自己的最终目标，不去想问题有多严重，困难是多么巨大，而是积极地去寻求解决的方法。

有句名言这样说："**如果你选择了天空，就不要渴望风和日丽。**"是的，成功的人都爱冒险，而冒险的首要前提就是必须克服内心的恐惧。成功人士深知恐惧是获得胜利的最大障碍，一个面对困难或风险畏缩不前、怕这怕那的人是不敢渴望胜利和荣誉的。

1914年4月，美国总统伍德罗·成尔逊以墨西哥当局扣留美国水兵为借口，出兵攻占墨西哥东海岸最大的城市韦拉克鲁斯。

在这次行动中，麦克阿瑟父亲的老部下芬斯顿将军指挥一个旅的兵力执行占领任务，麦克阿瑟本人则受命作为参谋部成员随芬斯顿将军于5月1日到韦拉克鲁斯搜集情报。

麦克阿瑟发现，那里缺少机械化的交通工具，要是陆军开过来，将完全依赖畜力运输。当他听说有几台铁路机车被藏在敌方防线后面时，便准备深入敌后进行侦察。但芬斯顿将军认为这样做太过冒险而不予支持。

麦克阿瑟经过冷静的分析，决定克服恐惧心理独自行动，来个孤胆探险。他找来两个向导，偷偷越过防线去察看虚实。结果发现那里确有 5 台机车，其中 3 台完好无损，陆军可以使用。虽然在归途中，他遭遇到了一些危险，但最终成功地返回了营地。

有句名言这样说过："每个人都害怕，越是聪明的人，越是害怕。勇敢的人是这样一些人，他们不惧怕恐惧，强迫自己坚持去做。"

麦克阿瑟就是这样一个勇士，他凭借自己的勇气和判断，深入敌后，为自己方面获得了重要的情报。当部队缺乏情报的时候，麦克阿瑟甘愿只身冒险；当遇到追兵的时候，麦克阿瑟冷静面对。每个人遇到这样的情况都会害怕，都想过选择退缩以保安全，但是勇士与懦夫的区别就在于：懦夫选择逃避，而勇士选择战胜内心的恐惧，强迫自己面对恐惧。

"忍"是一种变相的勇气。中国人常说一句话："心字头上一把刀。"这说的就是"忍"字。忍是一种智慧、一种韬略。"忍一时风平浪静，让三分海阔天空"。**唯有勇敢的人才能做到"忍"，勇者勇于放弃自己的小利，勇于战胜自己的欲望，因而能够做到不为一点小利去和人争，去和人抢。**为了自己的利益和生存权利去和人打架是一种勇敢，但为了一点蝇头小利去和人打个你死我活就是一种懦弱了，"忍"是一种变相的勇敢。在看电影的时候我们也可以发现，黑帮老大是绝对不会因为一点小事就出手的，这就是一种勇敢，他不会因为一点蝇头小利就被激怒，反倒是那些小弟们动不动就耀武扬威，因此，也只有能勇于压住自己怒火和傲气的人才能当老大。当然，黑帮老大的这种勇敢本身也是错误的，但在证明"忍是一种变相的勇气"这个论点上是成立的。

勇气——男儿何不带吴钩

生活中，人生有多少无奈，成功就有多少的等待。**忍，是一种韧性的战斗，是一种永不败北的战斗的策略，是战胜人生危难和险恶的有力武器，不勇敢的人是做不到的。**通过风雨的洗礼，方能看到成功的彼岸。这风、这雨，正是一个渴望成功的人资本的最初积累，是事业兴盛的母体。

纵观古今中外，"忍"字成了社会精英们的哲学。忍，是医治磨难的良方。忍一时之疑、一时之辱，一方面是脱离被动的局面，另一方面是一种意志、毅力的磨炼，为日后的发奋图强、励精图治、事业有成奠定了坚实的基础。比如，经营上的成败得失，常常检验出企业家的修养水平：有的泰然处之，从容对待，以真诚化干戈为玉帛；有的则怒形于色，耿耿于怀，因褊狭积小怨为仇端。又如，当企业经营顺利时，能不能忍也决定着企业的命脉，不能忍的公司贪大求快，头脑发热，从而极有可能使资金链断裂；而能忍的公司会保持头脑清醒，稳步发展。这就是一种勇敢。

日本著名企业家坪内寿夫是一个"坚忍者"，他常说："我的经营就是忍耐的经营。"确实，他克制内心私欲的克己心，对他人的误解与中伤不加辩驳的忍耐力，对教育员工的恒心，一旦决定就不畏困难去做的意志力等，都是异于常人的特质。

他经常暗自告诫自己说："要忍耐，要忍耐！"与此同时，他也必定坚定地告诉自己："好，咱们等着瞧！"

这正表示他的忍耐与怨恨是表里如一的，他心中激烈的怒火转化为表面的忍耐，以及攻击时的勇猛。他的忍是大忍，是积极的。有一次在接受媒体采访时他曾说："我遇到过太多太多的不如意之事，有时甚至叫我痛苦得无法再站起来……但我都咬紧牙关，忍耐过去了。"

1945年5月，正当日本在第二次世界大战中战败之际，坪内寿夫应召到满洲通讯部队，9月中旬，他在兴安岭中被俄国所俘，押至西伯利亚。

在被俘的日子中，最难忘的就是食品匮乏。坪内寿夫尝到了"饥饿中饱食"的体验。那就是在搬运砂糖时，偷偷在袋上挖个小洞，让糖落满一手掌，然后去舔食它。那宛如甘露的感受，令人终生难忘。俘房每天都要做很多的工作，但吃都吃不饱，因此，那砂糖的美味令坪内寿夫至今无法忘怀。

1948年10月，坪内寿夫34岁那年，才得以重返故乡。老家松前四是个渔镇，战后物资虽欠缺，但有不少新鲜的鱼，这使得坪内寿夫的精力与体重，都很快恢复了。他的父母将全部财产340万日元交给他。在当时这是一笔相当大的财产，成了他创业的基金。他认为只是守着父辈的产业，算不得男子汉。有志气的男子汉应勇敢开发自己的事业。于是，1949年，他带着钱来到县都松山市，松山大剧场及目前松山市内的电影院，都是他事业的发迹起点。他为了建设这些剧场，投资了半数的财富。

建造剧场首先要取得建设局许可。而这种申请最快一周，最慢一个月就可以获准，坪内寿夫也是以这种轻松的心情前往东京的。当时由松山到东京的车程是一天，他随便带了几件衣服，穿着短裤、短袖衬衫，打算在东京待几日就回去。

他一到东京就直接前往建设局，要求拜见课长，通报人员报了信，却久久不见课长出现。如此日复一日，他只有天天到建设局的走廊下等候。

几日后，课长总算出现了，坪内寿夫仔细呈述请愿，但课长却一副充耳不闻的样子，如此又过了数日，坪内寿夫天天带着申请到建设局等候。

又过了几天，课长总算第一次开了口："受援县太小了。我还听说议长用松山市的市议会场放电影赚钱，这种行为虽然很要不得，但一个用市议会场就能充当剧场的小地方，有必要建剧场吗？你回去吧，不要再浪费时间了，我不会答应你的。"

"议长的作为和我有什么关系，我只是一个市民，议长的行为和我建戏院根本是两回事。"坪内寿夫的抗议，没有发生任何效果。坪内寿夫心想，只有回松山市，请市长开具一张"今后不得将市议会场借为放映电影之用"的证明。于是他火速回到松山市，取得证明后又返回东京，交与课长。心想这下他没理由不答应了。

但课长似乎存心整他，总以"我很忙""你真烦""我说不行就是不行"等话来推却。坪内寿夫仍不死心，从早到晚都守在走廊上，这反倒给了课长一种压迫感，因而越发产生要好好整他的动机。

时光荏苒，夏去秋来，建设局的人都对坪内寿夫表示同情。甚至还有人说："课长实在有些过分，但你不要输给他，加油！"

正在这时候，课长的儿子不幸车祸死亡，肇事者竟事后逃逸。于是人们纷纷谣传坪内寿夫心有不甘，所以故意撞死课长的儿子。

坪内寿夫因不知此事，仍每天到建设局守候。也不知是谁通知警方，于是他被带到一个小房间中，接受了 3 个小时的审问。他显然已被纳入嫌疑犯之列。不过，不久凶手就被捉到，坪内寿夫这才洗刷了冤情。

由于这个案件，使得坪内寿夫有机会与大臣会晤。建设大臣益谷秀次以最高负责人的身份，向坪内寿夫致歉，并批准了坪内寿夫建设剧场的请求。事后坪内寿夫先到课长家中向其子灵堂上香，才转回松山市，这时已近岁末。

日后坪内寿夫仍然遇到很多人事方面的阻挠，而这些都转化为使他成为创业家的磨炼。

由这个例子我们可以发现，想要成功者比如经商的创业者几乎都是"忍"者，这是一条共识，也是一个经验之谈。**成功的路上，通常都要几经风雨，几番磨难。与追求成功者同行的，唯有那一路的风风雨雨，而勇敢的强者就是从这风雨中走出来的！**

一个"忍"字，从古至今一直散发着神奇的光芒。我国古代大文豪苏东坡的《留侯论》中即写道："观夫高祖之所以胜，而项籍之所

63

以败者，在能忍与不能忍之间而已矣。"古今中外几乎所有的成功者，都大大地沾了"忍"字的光。忍是一种眼光和度量，能克己忍让的人，是深刻而有力量的，是雄才大略的表现。忍让不是懦弱可欺。相反，它更需要的是勇敢和坚韧的品格。古人讲"忍"字，至少有两层意思：其一是坚韧和顽强；其二是谋划和韬略。谁能做到"忍"字，谁就能成就他的事业。

心灵悄悄话

失败的原因注注不是能力低下或力量薄弱，而是信心不足，克服不了恐惧的心理，还没有上场就已经败下阵来。在现实生活中，克服恐惧心理也是成就一番大事业的必备条件。敢于想、敢于做才会有机会成功。人们总是不惜代价逃离这些恐惧源，而多少次只是因为我们太过于恐惧，造成我们与机会擦肩而过。

勇气——男儿何不带吴钩

勇气的中庸之道

在生活和生命中，最大的冒险是不冒任何风险，这是毋庸置疑的。但冒险也不是一味地大胆蛮干，不能为冒险而冒险，要遵循一定的法则，这个法则就是冒险中要遵循中庸之道。也就是说，**冒险要在科学的基础上进行，不可在毫无把握的情况下一味地大胆，冒险要冒一定的风险，但不可冒绝对的风险**。换句话说，冒险要遵从一定的度。这个世界上什么都有度，跨过一定的度之后，积极的事情也就变成消极的事情了。比如，一个企业家创业，冒险就不可太过度，不可把自己一旦失败就逼入跳楼的境地。

众所周知，万科是我国房地产界的龙头老大。而王石就是万科帝国的领军人物。他曾说过，市场暴利终归要趋于平均利润。追求暴利将导致两种恶果：一是风险极大，高利润与高风险成正比。一把赢不一定把把赢，追逐暴利往往是灭顶之灾；二是浮躁心态，一心只想一夜暴富，小利往往看不上眼，反而丧失许多机会。

1993 年的时候，对于蓬勃发展的房地产界，国家开始进行宏观调控，全国房地产市场走入低谷，第一代和第二代房地产商进入调整消化期，正在此时，一批新兴房地产商异军突起，这就是第三代房地产商。"市场是公平的，你是怎样赚钱的，也会怎样赔本，甚至遭受成倍处罚。"王石是清醒的。同时，面对中国地产泡沫经济，朱镕基总理进行了宏观调控，刹住了"圈地运动"之风。宏观调控给了万科更大的发展空间，资产规模由最初的 5100 万元净资产迅速积累到 2.5

亿元的总资产，现在净资产已达 28.33 亿元，总资产达 50 亿元，负债比率下降 45%。万科在房地产业界迅速崛起。

而之所以能做到这些，与王石的"冒险哲学"是分不开的。王石这样解释自己对万科的定位："我们想得更多的是如何让万科始终处于领跑者的状态，而不是去跟跑或是去牺牲。万科开发房地产时间长一些，对于后来者我们愿意让他们分享万科成功的经验，也让他们学习万科的教训。万科没有给自己定什么时候冲线什么时候离线。我们喜好把自己放在高峰，因为这样才能有做大事的胸怀……"

其实在 1992 年的时候，中国就爆炒房地产，业界完全被"利润率低于 40% 不做"的暴利心态左右，王石却语惊四座："万科高于 25% 的利润不做。"一时间，舆论一片哗然，同行骂王石胡说八道，哗众取宠。

但其实王石此时已领悟到，市场暴利终归要趋于平均利润。他认为，**追求暴利将导致两种恶果：一是风险极大；二是浮躁心态**。并非王石有先见之明，王石说："我不是不要赚钱，不想把企业迅速做大，我把追求平均利润定为万科的经营宗旨，是用许多教训换来的。"王石算过一笔账："万科是从 1984 年靠贸易起家的，最初的贸易利润率在 80% 以上，利润高则大家都搞，结果利润率掉到 8% 至 2%，最后无利可图。做进出口贸易有 2% 的利润是正常的，但尝过 80% 暴利的甜头，谁还瞧得上 2%？如果把万科从 1984 年到 1994 年的贸易盈亏相抵，结果竟是负数！市场很公平，你怎么从暴利中赚的钱，你再怎么赔进去。"

事实上，王石一直在力戒暴利心态，万科 1993 年从 B 股市场筹集 4.5 亿元，资金多了就迅速扩张，跨地区跨行业经营，房地产项目遍及 12 个城市，行业横跨 5 大类，资金投下后才感到人才和管理跟不上。王石曾感慨："钱多了也麻烦啊！"缺钱就不允许你盲目投资，不允许你犯大错误，如果战略目标不明确，又没有控制能力，钱多了反而是灾难。有一段时间，王石见了缺钱的企业就调侃："恭喜你呀，犯不了大错误！"

后来，外国投资家给了王石更深刻的领悟："中国企业在争取国际基金时，常常会说'我的增长一直是100%'，这样会把他们吓死，他们认为你是泡沫经济，他们需要你稳定持续增长。人家的规则告诉我们：一味追求高增长也是一种暴利心态。"

从王石经营企业时的"冒险哲学"中我们可以看出，王石遵从的是符合中庸之道的冒险行为。不追求暴利，不追求一味的高增长，这就是合理的冒险，在科学意义上的冒险，是符合商业规律的。而那些追求几年内发展到跨国公司的企业大多没多长时间就灰飞烟灭了。

大胆的决策并不等于蛮干。对于成功人物来说，冒风险的前提是明白胜算的大小，做出冒险的决策之前，不要问自己能够赢多少，而应该问自己输得起多少。一点把握都没有就盲目地去冒险，那你的胆量越大，赌注下得越多，损失也就越大，离成功可能会越来越远。

冒险不是冒进，一字之差，天壤之别。怎样区分冒险与冒进呢？这里有个比喻：一个人要到一个山洞里取一块金砖。如果山洞里全是野狗，这就是冒险；如果山洞里面全是老虎，这就是冒进。如果山洞里面既没有任何动物，也没有金砖，那么这只能称作"冒蒙"。"冒蒙"只是浪费时间。要想成功，一定要分清冒险与冒进的关系，要弄清楚什么是勇敢，什么是无知。无知的冒进只能使事情变得越来越糟糕，遭人嘲笑。

因此，**只敢于冒险不行，还得善于冒险，遵从中庸之道的冒险行为就是善于冒险。中庸不是保守，它是稳重，是能找到一件事情黄金分割点的一种思想**。这也就是说，成功需要冒险精神，但不能有冒进的行为。做大事不能光靠胆量还必须有理性的"重心"，也就是说，要懂得把一件看来风险很大的事情，放在心中再三权衡，算计利害成分，做到心中有数，才可以避免无谓的牺牲。因此，冒险要讲究策略，无谓的冒险就不是冒险，而是拼命。敢于冒险是成功人物的特质，善于回避风险是成功人物的法宝。

　　格兰特是美国一家著名的日用品零售公司，该公司的创始人威廉·格兰特在19岁的时候开始经商。他起初在美国马萨诸塞州的一个小镇上开设了一家鞋店，经过多年的努力，他积累了一定的资本，于1906年用自己全部的积蓄在林恩市投资开办了一家日用品零售店。由于美国当时经济发展迅速，格兰特商店的商品适应了市场的需求，生意很兴旺。接下来几年的时间里，他又相继在美国的一些城市开设了几家连锁店，其销售额也在不断增加。

　　然而好景不长，1968年，年事已高的格兰特将公司交给迈耶管理。迈耶当上董事长后，很快便被胜利冲昏了头脑，他没有意识到任何一家商店从开业到成熟都需要一个被消费者认识的过程，同时，任何一个公司都时刻面临着商业竞争的考验。他没有深入研究，便盲目增设连锁店，开始实施一项扩张计划。

　　1974年，格兰特公司在各地的连锁店迅速增长到82500家，相当于10年前的1000倍。其扩张速度远远超出美国最大的西尔斯零售公司。然而，格兰特公司的销售额并没有随着连锁分店的增多而增长，相反，每家分店的平均销售额却急速下降。新店的增多导致了经营费用的增加，而公司的销售额下降又必然使经营成本增加，这样一来，格兰特公司便开始由盈转亏。连年的入不敷出，格兰特公司只得向多家银行举债，致使公司债台高筑，信誉急速下降。在资不抵债的情况下，格兰特公司只好在1975年提出破产申请，成为美国有史以来宣告破产的第二大公司和零售业中最大的公司。格兰特公司由于拔苗助长，盲目冒险，最终不可避免地倒闭了。

　　不控制好风险，对企业来说是致命的。由此可见，**勇敢不是无知**。明明知道前面是陷阱还要猛冲猛打，这就不是冒险而是愚蠢了。众所周知，一家公司没有经营目标，就谈不上科学合理的经营；对一个人来说，对事物内部矛盾的具体分析，是稳步前进的前提。如果一味地求快、求高，想一口吃成个大胖子，贪大求多，逆规而行，不但不会成功，反而会深陷泥潭。

我国古代兵书《孙子兵法·行军篇》有云："兵非益多也，惟无武进，足以并力、料敌、取人而已。"意思是说用兵打仗并不在于军队的数量多少，只要不恃勇轻进，并能判明敌情，集中使用兵力，取得部下的信任和支持就行了。这与一个人的成功是一个道理，并不是风险冒得越大越好，办事速度越快越好，而是要理智地冒险，科学地成功。

心灵悄悄话

只敢于冒险不行，还得善于冒险，遵从中庸之道的冒险行为就是善于冒险。中庸不是保守，它是稳重，是能找到一件事情黄金分割点的一种思想。这也就是说，成功需要冒险精神，但不能有冒进的行为。

沉心静气为智勇

生活中我们常常听到一句话："狭路相逢勇者胜"，是的，有时候这里的"勇"不是指勇敢，而是指谁能更有定力。在看电影的时候，我们大家都有这样的感觉，两个高手交锋，谁最先出招谁败，为什么，因为他沉不住气。沉不住气必然受制于人。其实临开战前的一段时间是压力最大的时候，谁能在这段时间里爆发出巨大的心理能量，谁就能在气势上压倒对方，也证明了谁更自信。而自信理智者必然获胜。

沉住气是一种境界，也是一种勇敢的智慧。沉住气者成大器。时机不到时就出手，必然会遭遇失败，就像田径赛上的抢跑，必然被罚下场。有句名言说得好："成功往往属于已经竭尽全力了但还愿意咬紧一下牙关的人。"因此，每一个想成功幸福的人，就要在自己已经欲哭无泪的情况下还能告诉自己：再挺一会儿。或许，就是那短短的一小会儿，就会云开日出了。乔丹之所以是"球王"，不是因为他弹跳比别人更好，运球比别人更快，而是因为他能在比赛结束的最后一两秒，还能沉下心来投球，力挽狂澜！

沉住气需要挑战自我，需要激发潜能，它能让一个渴望前进的人一次次战胜胆怯、恐惧、犹豫和彷徨，从而将自己的天性解放到极致。一个人如果将自己的天性解放到极致了，那么他就成了一个"大器"。

2004年，铁元宝从军队退伍了，他从山东来到了北京。刚开始他开起了出租车。然而，他心里总有那么一些不安分的因子，后来有一天他产生了个想法：既然车能出租，那么小家伙们的玩具就不能出租吗？他觉得出租这种经营模式也可以推广到玩具上。于是他背着妻子辞了职，凑钱开起了玩具出租店。

刚开始的日子是艰苦的。一天，因为铁元宝连着两三个月都没有往老家寄钱了，妻子就直接坐车来北京"视察"。铁元宝告诉妻子，自己现在正在开玩具出租店，把老家的房子抵押出去了。妻子同他大吵一架，气呼呼地打道回府了。

铁元宝一个人苦苦支撑着玩具店，同时又重新开起了出租车。最困难的时候，他甚至要靠卖血的钱交店租。但他有一个坚定的信念，不能给人造成关门的感觉。

那些日子是相当艰难的，但不管有多难，铁元宝始终坚信自己的判断没错。

一天中午，一名男子来到这家玩具出租店，他没带孩子，进来后一言不发地这儿看看，那儿看看，显得非常与众不同。

这位客人操着半生不熟的普通话向铁元宝提出了一连串的问题：你这家店一共有多少件玩具啊？你这儿的店面面积多大啊？房租贵不贵……显然，他更像是一位不速之客。

铁元宝心里不禁警觉起来，他到底要干什么？

见到铁元宝并不是很热心，这名男子有些急了，比画着问："我的意思你明白吗？"

铁元宝摇摇头。

这名男子并没有立马解释，而是抽出了一张名片，问道："我拿一张名片可以吗？"

铁元宝点头允许。

第二天一大早，小店刚开张就迎来了一个客人。铁元宝定睛一看，嘿，这不就是昨天那位"不速之客"吗？没想到中年男子却提出了一个更奇怪的要求："先生，我可以请你去喝咖啡吗？我想和你聊聊。"

铁元宝心想这家伙脑子有毛病吧？昨天问了好多问题，今天一大早又跑来说要请喝咖啡。跟一个陌生人有什么可谈的？万一耽误了生意怎么办？铁元宝心里不大情愿。

但这名男子很执着。

怀着几分好奇心，铁元宝终于答应了这个要求，收拾好店子便跟客人走了。

在咖啡店里落座后，这名男子自我介绍说他叫朴杰，是个韩国人。铁元宝还没想明白，这个人就又抛出了一句让他吃惊的话："你做我的高级主管，负责中国国内这个项目的开发拓展。我给你充足的经费，另外付给你20万元的年薪。此外，每年年底还有4万元的浮动奖金。"

铁元宝望着这个其貌不扬的人，瞠目结舌，他几乎不敢相信自己的耳朵。

原来是这样的，朴杰就是韩国的一个玩具商，并且在中国还有一家电子元器件厂。朴杰那天无意间看到铁元宝的这家玩具出租店，吃惊之余就走进来参观了一番，他推测应该是家刚开始经营的小店，所以就产生了这样的构想，问问铁元宝的意见。

朴杰的推测不错，铁元宝的玩具出租店确实是刚开张不长时间，赢利情况也不景气。20万元的年薪，对铁元宝来说诱惑很大，但想了一下后，铁元宝的回答居然是："我不同意。"

这是何故呢？原来他心里明白，人家肯掏20万元来雇用他，这就说明他后面赚的钱远远不止这个数，这对一直想创业的铁元宝来说怎么能接受呢？

就在这有些举棋不定的时候，铁元宝突然接到妻子从山东老家打来的电话，妻子告诉他出事了！铁元宝风风火火赶回家里才知道当初借钱给他开玩具店的妻家表哥，因为孩子驾车出事故要赔偿受害者，所以催他赶快把当初借给他的8000元还上。

夫妻俩夜里一直商量怎么办，妻子劝说铁元宝把小店卖了筹钱赶

勇气——男儿何不带吴钩

快把债还上，铁元宝一听，连连摇头。并且为了证明他的玩具出租小店的价值，他把韩国的朴先生想跟他合作的事告诉了妻子。

没想到妻子一听高兴万分，每天都催他赶快答应韩国朴先生的条件。妻子的想法是，现在他已经两手空空、身无分文了，现在兑出店不但能把债还上，然后去韩国先生那儿打工还可以每年拿回20万元的收入。这是多么好的一个机会啊！

听了妻子的话，本来有些犹豫不决的铁元宝反倒有了铁定的主意，就是无论如何也不能把小店卖了，非但如此，还要把它做大。可以说妻子的"投降之举"让他反倒有了定力。随后他绞尽脑汁东挪西借地把债还上，同时决定拒绝韩国朴先生的加盟邀请。

这样做让妻子很是气愤和伤心。说起妻子的考虑，也不无道理。家里上有老下有小，要是能跟韩国人合作，每年稳稳当当拿回20万元，一家人的小日子肯定过得红红火火。

但铁元宝执意不肯，想起他创建这家小店时付出的种种辛酸和努力，他怎么也不甘心就这样把这家小店卖了。这家小店承载着他的梦想啊！

妻子一天天催他，朴先生那里也等着他的答复，这可让铁元宝产生了不小的心理压力。怎样才能既得到韩国朴先生的帮助，又能够保证自己的利益呢？

苦思冥想之后，铁元宝希望建立这样一种合作模式，就是对方能够为自己提供一些新玩具，同时在经营理念、经营模式、管理措施等方面能提供一些帮助，但自己仍旧是这家小店的拥有者。

铁元宝是眉头一皱计上心来，觉得可行，但他并没有马上联系朴先生。

常言道：上赶着的不是买卖。铁元宝觉得自己如果主动打电话给对方，等于就处于弱势地位，那可不行，得扛着点儿，等他给自己打电话。

铁元宝是铁了心，憋着劲儿等着朴先生就范，妻子怎么劝，他都像吃了秤砣——铁了心了。他认准了，朴先生一定会打电话过来。说起来，铁元宝这么敢铁了心，也是因为他自己的玩具出租店对朴先生来说，有着不同寻常的价值。朴先生不熟悉中国的国情，他需要和一个人了解国情，了解这个行业，否则他进军这个行业极有可能会翻船。然而，令人意想不到的是，几天过去了，朴先生那儿一点动静都没有。朴先生心里的想法也是故意扛着没打电话，想扛着看自己的条件对方能不能答应，否则自己就处于下风了。

时间一天天过去，两个人谁也不肯先向对方"低头"而拿出电话联系，于是乎两个男人就这样较上劲儿了。

铁元宝的想法是，既然他舍得花20万元的年薪来聘用我，就能够看见他开发市场的心情之迫切。他越迫切就越希望我尽快"就范"。而我"就范"了就不能占据主动地位了。其实这个时候谁沉得住气谁就是胜利者！

但是，等待的过程是一种巨大的煎熬，也是一种毅力的严格测验。两个人都是既想沉住气，把握以后合作中的主动，又担心对方放弃合作。很多时候，铁元宝都不由自主地摸出手机，想给朴先生打个电话，但在按键将要结束的时候，突然又放弃，然后对自己说："再扛一扛。"而朴先生也是很想给铁元宝打电话但数次都忍住了。

世事难料，没想到就在铁元宝和韩国朴先生的心理战打得如火如荼的时候，自家后院却起火了。一天，妻子甩手把一份离婚协议书扔在了他面前，给他下了最后通牒。然而，任凭妻子软硬兼施，铁元宝始终"铁骨铮铮"。最后，妻子也没辙了，离婚威胁都没用，也就偃旗息鼓了。

就在铁元宝身心俱疲也快要支撑不住的时候，电话终于响了。朴先生想以顾问形式，协助铁元宝将韩国玩具出租连锁店的模式引入中国。朴先生这样做看重的是合作的双赢和长远的利益。

铁元宝在心里对朴先生佩服的同时也感到非常温暖。在朴先生的帮助下，铁元宝到韩国进行了考察。回国后，紧锣密鼓地忙碌了一年

勇气——男儿何不带吴钩

多之后，在全国开起了200多家玩具出租连锁店，正在急速向"玩具出租大王"的道路上迈进！

　　看了这惊心动魄的两个男人"斗气"的案例，想必大家对"沉住气，成大器"有了更深刻的体会。**"沉住气"其实就是一种忍耐的心理活动，忍耐对一般人来说，是一种美德，而对渴望成功和发展的人来说，则要把它变为一种"本能"。**比如说创业，肉体上的折磨不算什么，心理上的压力才是致命的。铁元宝正是承受住了巨大的心理压力，才最后见到了"玩具出租大王"的曙光。

　　生活是一场战斗，有句古兵法讲得好："故三军可夺气，将军可夺心。是故朝气锐，昼气惰，暮气归。故善用兵者，避其锐气，击其惰归，此治气者也。"也就是说，两方对阵，可以夺取对方三军将士的锐气，也可以动摇对方统帅的意志。这是因为，早上士气旺盛，中午士气懈怠，而到晚上士气便衰竭了。所以善于打仗的人，总是智深勇沉，能坚持到敌方士气低落的时候一举将他们打败。这个"沉住气，成大器"的道理，确实也值得我们在生活中借鉴。

🦋 心灵悄悄话

　　沉住气是一种境界，也是一种勇敢的智慧。沉住气者成大器。时机不到时就出手，必然会遭遇失败，生活是一场战斗，所以善于打仗的人，总是智深勇沉，能坚持到敌方士气低落的时候一举将他们打败。

有信念就不会在逆境中倒下

在不可避免的压力中逃避是不行的，你必须正视它，才能战胜它。我们要有战胜逆境的决心。其实逆境并非是不可逾越的障碍，每一个困难都是一次挑战，每次挑战又都是一次机遇，战胜困难就等于抓住了机遇。

事业受挫、工作被辞、家庭危机、环境压力、城市生活缺乏归属感——在每一个年龄段，每一个层次上的人，都难免会遭遇逆境。然而，就在我们的世界里，有很多人虽然身处恶劣的环境当中，却仍神采奕奕地活着，他们受挫一次，反而将其视为一种新的力量的源泉，而非一种失败，从而把他内心最强大的潜能激发出来，取得更大的成就。

因此，在逆境面前，那些一受打击便一蹶不振的人，只能一辈子做个失败者；那些相信"此路不通彼路通"的乐观进取者，才有能力走出逆境，取得成功。

在逆境面前，我们不能逃避。逃避虽可使心理紧张得到暂时的缓解，但并不能解决实际问题。

躲开逆境的现实，放弃原来追求的目标，逃到一个自认为安全惬意的地方，那是一种逃避现实的行为，长此以往，只能使人更害怕挫折和困难。而挺直脊梁，直面逆境，才能激发内心巨大的潜能，并最终取得成功。

横跨曼哈顿和布鲁克林河之间的布鲁克林大桥是个地道的工程奇

勇气——男儿何不带吴钩

迹。1883 年，富有创造精神的工程师约翰·罗布林雄心勃勃地意欲着手设计这座雄伟的大桥，然而桥梁专家们却劝他趁早放弃这个天方夜谭般的计划。

罗布林的儿子，华盛顿·罗布林，一个很有前途的工程师，他确信大桥是可以建成的。父子俩构思着建桥的方案，琢磨着如何克服种种困难和障碍。

他们设法说服银行家投资该项目，之后他们怀着不可遏止的激情组织工程队，开始建造他们梦想的大桥。

然而大桥开工仅几个月，施工现场就发生了一起极为严重的灾难性事故，约翰·罗布林在事故中不幸身亡，华盛顿·罗布林虽然保住了性命，但身受重伤，无法讲话也不能走路了。谁都以为这项工程会因此而泡汤，因为只有罗布林父子才知道如何把这座大桥建成。虽然华盛顿·罗布林丧失了活动和说话的能力，但他的思维还同以往一样敏锐。

他唯一能动的就是一根手指，于是他就用那根手指敲击他妻子的手臂。通过这种密码方式由妻子把他的设计和意图转达给仍在建桥的工程师们。整整 13 年，华盛顿·罗布林就这样用一根手指发号施令，直到雄伟的布鲁克林大桥最终落成。

或许你曾试过一些方法，再找一份工作、再结识一位伴侣、再使家人恢复健康，让快乐的时光重现，可是却都未见成效。有些人或许会重新振作，力图扭转困境，但当一再失败时，往往就失去了再尝试的勇气。为什么会这样呢？只因为我们每个人都想避开痛苦，没有人愿意再三遭受失败的打击。

当一个人付出全力去做，结果得到的尽是失望的时候，请问他还有劲去尝试吗？也就是经常受到失望的打击，我们不仅不愿再去尝试，甚至根本不相信还有任何可为之处。

若你发现自己有了不想再尝试的念头，那么就得当心这种心态，

你已经患了"无力感"的心理病了。

幸好，这种病并不是绝症，只要你现在就改变自己的认知和做法，那么所有的不如意就会一扫而空。

发明家爱迪生说："我才不会沮丧，因为每一次错误的尝试都会把我往前更推进一步。"

扭转人生的第一步，就在于抛却一切负面、消极的想法，别一味认为自己什么都不行、是无可救药的了。

为何你会这个样子？只因为曾经试过好多次不见成效，就意味着自己束手无策了吗？因此，你要记住这样一句话：过去不等于未来。过去你曾怎么想、怎么做都不重要，重要的是今后你要怎么想、怎么做。在驶往未来的道路上，许多人是借着后视镜的引导，如果你就是其中之一，那么就不免会出意外。相反地，你应放眼于现在，着眼于未来，看看有什么能使你变得更好的方法。

扭转人生的第三步，就是需要你坚持到底，为改变困境努力不懈。

许多人曾说过这样的话："为了成功，我尝试了不下上千次，可就是不见成效。"你相信这句话是真的吗？别说他们没有试上 100 次，甚至有没有 10 次都颇令人怀疑。或许有些人曾试过 8 次、9 次、乃至于 10 次，但因为不见成效，结果就放弃了再尝试的念头。

成功的秘诀，就在于确认出什么对你是最重要的。然后拿出各种行动，不达目的誓不罢休。如何对待逆境？

1. 要正确把握逆境，不要错把顺境当逆境

在实际生活中，有时出现的境遇是很正常的，但人们往往因之不遂己意而误认为是逆境。比如，有的人几年职务没提，自认为是怀才不遇，领导对自己有偏见。这种看法是不正确的。只有把逆境和顺境区别开来，才能更好地摆脱逆境。

2. 纠正对逆境的错误态度

勇气——男儿何不带吴钩

78

在真正的逆境面前，有几种不好的态度是必须纠正的：第一种认为逆境是命中注定，既不可逃避，又不能改变，只得认命，从而放弃人的主观努力，导致意志消沉，无所作为。第二种态度是不能接受逆境的考验与磨炼。身处逆境时怨天尤人，埋怨客观、埋怨社会和他人，看不到逆境的出现有其主，客观原因，有必然性和偶然性。第三种态度是随波逐流，逃避逆境。逆境对人生本来是无法回避的试卷，面对试卷应该挥臂上阵，从容作答。但有的人在这人生试卷前或徘徊彷徨、无所适从；或人云亦云、丧失己见；或退避三舍、逃之夭夭。这是极端消极被动的态度，这种态度是消极无为，逃避现实。在实践中只有努力克服这些对待逆境的错误态度，才能正视逆境，超越逆境。

3. 确立对待逆境的正确态度

从思想上，要认识到逆境是一种客观存在，人们不可逃避。但人有能动性，可以认识和改变逆境。人生正是在艰难曲折的逆境中发展而来的。逆境可以激发人的进取心，磨炼人的意志和胆略，培养人们的创造力和开掘人的智慧。在行动中，不为逆境所吓倒和压垮，要敢于拼搏，在逆境中奋起。

信念在人的精神世界里是挑大梁的支柱，没有它，一个人的精神大厦就极有可能会坍塌下来。

信念是力量的源泉，是胜利的基石。

据说有一年，一片茫茫无垠的沙漠上，一支探险队在那里负重跋涉。

阳光很强烈，干燥的风沙漫天飞舞。而口渴如焚的探险队员们没有了水。

水是队员们穿越沙漠的信心，甚至是苦苦搜寻的求生目标。

这时候，探险队的队长从腰间拿出一只水壶，说："这里还有一壶水。但穿越沙漠前，谁也不能喝。"

那水壶从探险队员们手里依次传递开来，沉沉的，一种充满生机的幸福和喜悦在每个队员濒临绝望的脸上弥漫开来……

终于，队员们一步步挣脱了死亡线，顽强地穿越了茫茫沙漠。他们喜极而泣的时候，突然想到了那壶给了他们精神和信念以支撑的水。

拧开壶盖，汩汩流出的却是满满的一壶沙。在沙漠里，干枯的沙子有时候可以是清冽的水——只要你的心里驻扎着拥有的信念清泉。

"这个世界上，没有人能够使你倒下。如果你自己的信念还站立的话。"这是著名的黑人领袖马丁·路德金的名言。

纵观在事业上有成就的人，在其起步时都是信誓旦旦。巴甫洛夫曾宣称："如果我坚持什么，就是用炮也不能打倒我。"高尔基指出："只有满怀信念的人，才能在任何地方都把信念沉浸在生活中，并实现自己的意志。"

最近，美国社会学家做了一项深入的研究，在这项研究中，调查了从《美国名人录》中随机选出的 1500 名有突出成就的人的态度和特性。《美国名人录》收录的主要标准和条件不是财富，也不是社会地位，而是目前在某一领域中的成就。他们的研究结果表明，**最成功的人都表现出许多相同的特性，自信心就是其中五项影响成功最重要的因素之一**。

最富有成就的人就是依靠他们自己的自信、智慧和能力取得成功。对于这点，被调查者的 77% 给他们自己的评价是 A 级。

自信心不在于你的感觉怎样，也不在于你是如何优秀的人，而在于你是否能采取明确的行动，来使生活中的问题得到解决的才智。它包括独立的意志力和制订目标的能力。

三分之二的被调查者认为他们有明确的生活和工作目标。在被采

勇气——男儿何不带吴钩

访的人当中，有一半人认为自己的意志力可得 A 级。意志力包括创立新项目的能力和创立后保持一个项目成功实现的能力。

一位在美国西北社区创建了最大的会计师事务所的注册会计师说："我成功的原因不仅在于我所从事的工作给我带来的骄傲，它还在于为达到既定目标所必需的不懈努力的勇气和精力。"

信念好比航标灯射出的明亮的光芒，在朦胧浩渺的人生海洋中，牵引着人们走向辉煌。高高举起信念之旗的人，对一切艰难困苦都无所畏惧。相反，信念之旗倒下了，人的精神也就垮了下来，而从来就不曾拥有过信念的人对一切都会畏首畏尾，在漫长的人生旅途中抬不起头，挺不起胸，迈不开步，整天浑浑噩噩，迷迷糊糊，看不到光明，因而也感受不到人生的幸福和快乐。信念对成功的推动作用主要表现：

1. **信念可以排除恐惧、不安等消极因素的干扰，使人在积极肯定的心理支配下产生力量，这种力量能推动我们去思考、去创造、去行动，从而完成我们的使命，实现我们的心愿。**

2. **面对充满诱惑和多变的世界，面对许多不确定因素，有信念的人，能坚守自己的理想和目标而不动摇，从而按自己的心愿，以自己的方式走向成功和卓越。**

3. **信念生信心。信心可以感染别人，一方面激发别人对你的信心，另一方面使更多的人感染到信心。这样容易赢得他人的好感，具有良好的人缘。而人缘好，机会就多，这样成功就会变得更加容易。**

在这样一个"碰撞"的时代，真正的碰撞不是实体的冲击，而是信心的碰撞。既然是碰撞，总有输赢，关键要看你的脑中爆发的信心能量能做多少有用功。人生就是和惧怕失败的心理较量，而且千百计地琢磨出惊心动魄的"信心大片"，尽管痛苦，依然被快乐呼唤着。也许如此，信心是种本能的欲望，是一种自救的活法。

成功学大师拿破仑·希尔说："有方向感的信念，令我们每一个意念都充满力量。"

美国前总统里根说："创业者若抱着无比的信念，就可以缔造一个美好的未来。"

所以，要想让人生过得好，须将信念之旗举得高高的。

🦋 心灵悄悄话

在不可避免的压力中逃避是不行的，你必须正视它，才能战胜它。我们要有战胜逆境的决心。其实逆境并非是不可逾越的障碍，每一个困难都是一次挑战，每次挑战又都是一次机遇，战胜困难就等于抓住了机遇。

勇气——男儿何不带吴钩

82

第四篇

勇气完善自身

　　原则是什么？原则就是基于事物规律制定出的一些规则，是人们普遍承认的，带有普遍性，因此，我们必须要坚持。坚持原则是需要勇气的，没有勇气、意志薄弱的人坚持不了原则，被别人一诱惑，被现实一施加压力，很容易就妥协了，就不管事情本身的性质是什么，只想把事情快点了结。但是，只有坚持原则的人才能变得优秀，也只有坚持原则，才能把事情真正办成。怯懦的血统来自我们对自己不配得到的成功却极度渴望。要学会在努力中放弃自我，学会放开手脚，才能获得真正的成功。让勇气重见天日，让信心大步向前。

勇于坚持原则

在我们这个时代，"原则"是一个很模糊的词语，在很多人眼里是一个很廉价的词语，我们周围更多的听说的是"通融通融""人情""关系""疏导疏导"等，因此，坚持原则被有些人认为是一种迂腐乃至愚蠢的行为。

原则是什么？原则就是基于事物规律制定出的一些规则，是人们普遍承认的，带有普遍性，因此，我们必须要坚持。由于人类本身的惰性和贪性，坚持原则会让人付出代价。比如，某些官员坚持原则可能就会危害一些人的利益，因而就会受到排斥和打击；生活中我们坚持种种原则，就会遇到诸多不便等。但原则就是原则，是接近真理的一种东西，会让我们心里获得安定，因此必须要坚持。

坚持原则是需要勇气的，没有勇气、意志薄弱的人坚持不了原则，被别人一诱惑，被现实一施加压力，很容易就妥协了，就不管事情本身的性质是什么，只想把事情快点了结。但是，**只有坚持原则的人才能变得优秀，也只有坚持原则，才能把事情真正办成。坚持原则让你"有种"。**

西点军校是世界著名的军校。1966届有一位不幸的新学员，由于过不惯冷峻单调的生活而心慌意乱，他跑去参加一个学员的宗教团体晚会，想在那里找到几个小时的安慰。当时，他不知道按照章程规定他有权参加这个聚会，他是忍不住去的，并在自己的缺席卡上填了"批准缺席"。当晚回到宿舍后，他又回顾了一下自己的所作所为，总觉得自己犯了错。于是，便向学员荣誉代表坦白交代了。这时他才知道自己有权参加那个聚会。但一切都为时已晚了，虽然他的行为一点儿也没有违反校规，但荣誉委员会认为他有违反荣誉准则的动机，因而有罪，第二天他就被开除了。

西点军校之所以处于世界军校中的云端，与其原则极其严明是分不开的。对原则毫不妥协的坚持，让西点军校培养出了有严格纪律观念的军事人才。西点人对于自己原则的坚持也让世人敬仰。

生活中大到一所学校、一个组织、一个团体，小到一个家庭、一对夫妻，乃至我们一个个体之人，都需要坚持原则，只有这样，我们的社会才能够正常运行。 因为原则是基于每个人的利益制定出来的，是大家都需要遵守的，你不遵守，势必要危害别人的利益。比如，春节排队买票，每个人都需要排队，先到先买，这是原则，然而你不坚持，那么就会让有些先排队的人买不到了，然而大家都归家心切。

如果你在一件事上坚持原则，就是坚持了公平，捍卫了正直，选择了勇气，就会赢得大家的信任。**坚持原则需要付出内心能量，有些情况下还不可避免地要与某些势力做斗争，但你保护的是更多人的利益，这是值得的。**

比尔小时候，一有机会就到湖中的小岛上他家的那小木屋旁钓鱼。一天，他跟父亲在薄暮时去垂钓，他在鱼钩上挂上鱼饵，用卷轴钓竿放钓。

鱼饵划破水面，在夕阳的照射下，水面泛起一圈圈涟漪，随着月亮在湖面上升起，涟漪化作银光粼粼。

鱼竿弯折成弧形时，他知道一定是有大家伙上钩了。他父亲投以赞赏的目光，看着儿子戏弄着那条鱼。

终于，他小心翼翼地把那条筋疲力尽的鱼拖出了水面。那是一条他从未见过的大鲈鱼！

勇气——男儿何不带吴钩

趁着月色，父子俩望着那条煞是神气漂亮的大鱼，它的腮不断张合。父亲看看手表，是晚上 10 点——离钓鲈鱼季节的时间还有 2 个小时。

"孩子，你必须把这条鱼放掉。"他说。

"为什么？"比尔很不情愿地大嚷起来。

"还会有别的鱼。"他父亲说。

"但不会有这么大的了！"比尔又嚷道。

比尔朝湖的四周看看，月光下没有渔舟，也没有钓客。他再望望父亲。

虽然没有人见到他们，也不可能有人知道这条鱼是什么时候钓到的。但比尔从父亲斩钉截铁的口气中知道，这个决定丝毫没有商量的余地。他只好慢吞吞地从大鲈鱼的唇上取下鱼钩，把鱼放进水中。

那鱼摆着强劲有力的身子没入水里了。小比尔心想：我这辈子休想再见到这么大的鱼了。

那是 34 年前的事。今天，比尔先生已经成为一名卓有成就的建筑师。

果然不出所料，那次以后，比尔再也没有钓到过像他几十年前的那个晚上钓到的那么棒的大鱼。可是，每当他想要放弃自己原则的时候，他就会想起那天晚上，想起父亲坚决地让他放走的那条大鱼，他内心便充满了坚守正义、科学的力量。

比尔先生成为一名卓有成就的建筑师，与那条大鱼是有关系的，我们完全可以设想，如果比尔爸爸没有让他放走那条大鱼，那就相当于无形中默认可以不遵守原则，这样比尔养成习惯后，在讲求科学精密的建筑界能不出问题吗？当今我国有太多太多的豆腐渣工程，劳民伤财，危害国家，如果那些负责人、那些建筑师心中也有那么一条"大鱼"，就不会出那么多问题了。

原则，很多时候是这个世界上很神圣的东西，捍卫原则是高尚的

行为，是心理强大的反应，英雄人物都有他们的原则，并能为之捍卫，哪怕付出生命的代价也在所不惜。所谓"英雄气短"在部分程度上就有这层意思。因此，他们在坚持原则时的举动也化为了一个个可歌可泣的故事。关羽的"十八年身在曹营心在汉"让他淋漓尽致地书写了"义"字原则。南京英雄司机谢二喜在发病晕倒前将公交车稳稳地停在了路边，淋漓尽致地书写了"爱岗敬业"的原则。

在我们的生活中，也有一些坚持原则的女英雄，同样值得我们尊敬。

玛格丽特·扎迦利是美国俄勒冈州达拉斯市的一名女护士，今年已经74岁了，退休在家。她经营着一幢公寓用于出租。她对每一位租户都说她会负责他们的安全，这也是她的义务所在。

2002年的一天，当玛格丽特·扎迦利坐在她出租经营的一幢综合性建筑的公寓里时，外面突然响起了一阵枪声。这时候，玛格丽特·扎迦利并没有逃跑躲起来，而是冲进火线挽救她的住户。只见一名租户——59岁的夏洛特·伍兹倒在庭院里60英尺远的地方，血流不止。尽管当时持枪者仍在二楼的阳台上射击，经验丰富的退休女护士玛格丽特·扎迦利还是跑向了伍兹。她跪在伍兹身边护理并安慰这位受伤的妇女，直到警察赶到。经过5个小时的周旋，警方抓获并逮捕了那名袭击者。

玛格丽特·扎迦利是一名女英雄，她在用生命坚持着她"我要负责住户安全"的原则。如果能做到这一点，已经远远超出了经营赚钱的目的，而是成为一个社会的道德楷模。坚持原则会让人付出代价，但正因为会付出些代价，也才能显出坚持者的勇敢。**只有勇敢者才能坚持原则，他们敢于对自己的行为负责，他们敢于和损害自己利益和大众利益的不良行为做斗争。坚持原则的人显得"有种"。**

生活中我们太多人不能坚持原则，他们为了一点点利益或迫于一

勇气——男儿何不带吴钩

点点压力，就采取"墙头草，随风倒"的处事策略，这也会给人留下不可信任的感觉，而失去诚信的代价是巨大的。一个人只有坚持原则，才让人觉得可以相信，才有很多人真正从心里愿意和你做朋友，有事情发生时也才会找你。我们可以设想一下，就像上面玛格丽特·扎迦利这位女经营者，她的生意不会兴旺吗？肯定会，因为她的原则和行为已经感动了很多人，说不定很多人出于仰慕就会住她的公寓。因为她是坚持原则的，是勇敢的。

心灵悄悄话

原则就是基于事物规律制定出的一些规则，是人们普遍承认的，带有普遍性，因此，我们必须要坚持。由于人类本身的惰性和贪性，坚持原则会让人付出代价。但原则就是原则，是接近真理的一种东西，会让我们心里获得安定，因此必须要坚持。

匹夫之勇非真勇

　　冲动这种心理活动，是非常消耗人的，这是我们众所周知的一个生活体验。在冲动的时候，人的心理起伏很大，以至于有时候腿会发抖。犯罪心理学上有一个名词叫激情杀人，就是指人在冲动的时候伤害别人生命的行为。发生在我国西安的药家鑫杀人案，就是典型的激情杀人，其残忍程度震惊全国，这就是药家鑫在冲动的时候做出的。最后，药家鑫也被判了死刑，这是他为他那一刻的冲动付出的代价。

　　冲动是魔鬼。如果不是齐达内在 2006 年世界杯上对意大利球员的当胸一撞，法国就是那次的世界杯冠军，当然齐达内的"冲动一撞"也不影响他在世界足球史上"一代齐祖"的地位，但总让"一代足球艺术大师"的谢幕表演留下了遗憾。**冲动，这是我们要尽力避免的一种心理活动，冲动的情况下人的心理非常脆弱。冲动不是勇敢，而是一种匹夫之勇。冲动是一种头脑简单的反应，绝不是英勇之人的性格。**

　　1956 年，纽约举行世界台球争霸赛，奖金高达 4 万美元，在当时那是很大一笔钱。最后的决赛在两位球坛高手福克斯和狄瑞之间进行。

　　经过长时间的拉锯战，福克斯渐渐占据了领先地位，比赛几乎已经可以预见结果，只要福克斯再得几分，比赛就可以宣告结束了。

　　福克斯正要进行最关键的击球，一片安静的球台桌上突然飞来了一只苍蝇落在了主球上。观众席传来轻笑声，福克斯也觉得很有意

勇气——男儿何不带吴钩

思，微微一笑走过去轻轻吹走苍蝇，继续把目光盯在主球上。

然而这只苍蝇盘旋了一番又一次落在了主球上，观众席笑声渐渐大了起来，福克斯皱了皱眉走过去吹走苍蝇，并调整状态准备击球。然而没有料到，这只苍蝇再次回到了主球上，观众席哄堂大笑，福克斯终于无法保持理智的心态，挥起球杆去赶那只苍蝇。

苍蝇被赶走了，但是由于福克斯已经用球杆碰触了主球，按照比赛规则，此轮他没有了继续击球的机会。

他的竞争对手狄瑞牢牢把握住了这次机会，连续击球直到比赛结束……

狄瑞成为台球英雄，而福克斯获得了"台球莽夫"的绰号，第二天，人们发现福克斯在住所里结束了自己的生命。

这就是冲动的恶果，**冲动和勇敢完全是两回事，勇敢是一种完全理智的状态下的冲动，但冲动纯粹是丧失理智的一种行为，是心理崩溃的表现。**人在冲动的情况下逻辑非常混乱，做事情不顾后果，只是想发泄自己的情感，但是当发泄完了之后就会后悔。

只有勇敢的人才能做到不冲动，他们有勇气刹住自己的"情感之车"，不至于让情感造成泛滥。当情感充分表达的时候人是非常快乐的，但要有个度，到一定的时候就要勇敢刹住车。但没有勇气的人往往不会面对心里那个理性的声音，而是任由自己的情感继续发泄，这就是匹夫之勇。

在生活中我们要防止冲动，要追求勇气，真正的勇气不是那种不顾周围环境，轻率地路见不平拔刀相助，也不是那种有所不屑就出手相助的热血沸腾。真正的勇气更多表现为冷静、理智、临危不惧。而事实证明，真正的勇气能让我们赢得尊重与成功，能打造我们人生的和谐，能谱写我们生活的美好。

华盛顿是美国的开国之父，他从小就受到严格的家教。当小华盛顿刚刚五六岁的时候，他的爸爸、妈妈就让他抄写"怎么成为一名绅士"的准则，有时一个月的抄写量高达100遍。

1974年，华盛顿成长为一名上校，驻守在美国亚历山大市。当时，该市所在的弗吉尼亚州议会正在举行议员选举。因为每个人都有不同的政治见解，因此人们支持的议员人选也各不相同。有一个叫威廉·佩恩的人与华盛顿意见相左。

华盛顿与佩恩展开了激烈的语言交锋，为各自的支持人选说话。辩论进行到30分钟的时候，两人唇枪舌剑不停，华盛顿一时激动，说了几句难听的话对佩恩进行了攻击。这也激起了佩恩的暴躁情绪，他盛怒之下，拿起立在桌子边的手杖，几下就将华盛顿打倒在地。

华盛顿手下的官兵闻讯顷刻赶来，他们看到华盛顿额头的血迹，都非常激动，要求找佩恩，他们要为自己的长官报仇算账。然而，华盛顿却捂着伤处劝大家不要过激，先平静地回到营地再说，他会自己处理所有的问题。

事情过去了一晚上，华盛顿派人给佩恩送去信，约他见面，地点选择在当地的一家豪华酒店大厅。按照美国当时的习俗，上流社会的贵族发生争执时可以决斗，如果某个人不敢赴约，那就是贪生怕死之徒，是称不上贵族的。佩恩觉得华盛顿会要求他道歉并选择和他决斗。他无法拒绝，只能回复信使说到时他会赴约。

没想到到了酒店大厅后，佩恩发现等待他的不是满脸怒火、手持佩剑的华盛顿，而是笑容可掬、端着酒杯的华盛顿。

华盛顿走上来说："佩恩先生，请你原谅我昨天的鲁莽冲动，如果你觉得我们已经互相抵消了，那么现在不如让我们喝上一杯，交个朋友，如何？"

这大大出乎佩恩的意料，也很是感激。就这样，华盛顿收获了一个朋友而不是敌人，在后来的政治生涯中，佩恩成为华盛顿坚定有力的支持者。

如果当时华盛顿没有控制住自己的冲动，那么结果会如何呢？很可能他会允许自己的手下愤怒而来的官兵将佩恩一顿痛打，这样他们都会葬送自己的军事前程。又或者第二天华盛顿选择和佩恩决斗，那么他很可能会丢了性命或者伤及无辜，这样对发生口角这么一件小事来说都是不值得的。仅仅因为几句口角和一些小摩擦而拼命，这是很可悲的。

没有人会怀疑华盛顿是个英雄，美国首都都以华盛顿而命名，但是冲动对他的政治生涯没有一点好处，冲动不是真正英雄的性格。**智深勇沉、宽以待人和一笑泯恩仇才是真正男子汉的处世风格，才是勇气的表现**。其实有时候控制自己的情绪不是那么容易的，不光表现在那些大是大非的问题上，细小事情上的控制才能考验一个人真正的勇气，比如冬天早上早起 5 分钟、很多时候多忍 30 秒听完别人的话等。任何小的冲动都是冲动，任何小的忍耐都需要勇气。

一个孩子有乱发脾气的毛病，他常常无法控制自己的情绪，或者冲动鲁莽地给家里惹麻烦。

有一天，他的父亲给了他一大包钉子，让他每次心里恼火或是想冲动地做什么事情时就先在门前的栅栏上钉下一个钉子。

刚开始的时候，小男孩在栅栏上钉下了很多钉子，第一天高达 12 个。但一个月之后，男孩看着栅栏上密密麻麻的钉子有所领悟，他渐渐学会了压制自己的怒火，遇上心情不好的时候，他会提醒自己不要再多钉钉子，于是，栅栏上新增的钉子越来越少了。

突然有一天，男孩意识到他今天一整天都没有钉钉子，他很高兴地把这一转变告诉了父亲。父亲又对他说：“从明天起，你可以尝试着每不发脾气一天就从栅栏上拔下一个钉子好不好？”男孩听了觉得很有趣，也认为对自己很有好处，就答应父亲一定很快把钉子拔完。

在以后的日子里，男孩发火的概率越来越少了，火苗一上来的时候，他就想自己不能拔钉子了，于是就又心平气和了。而每坚持完一天不发火，拿下一个钉子的时候他也会很有成就感，那是他最开心的时刻。

终于有一天，男孩拔完了钉子，他高兴地跳着去告诉父亲。父亲拉着他的手来到栅栏边，微笑地看了看他之后说："你做得很好，但是栅栏上已经留下了密密麻麻的小孔，再也无法恢复原来的模样了，你有什么想法吗？你看。"父亲指了指那千疮百孔的栅栏。

男孩若有所思。父亲继续说："你向别人发火后，你的一些言语、态度就像钉子扎在了别人的心上，即使你们已经和好了，但那些过去的不愉快还是会给人心里留下阴影。这就像拔钉子，虽然我们经过努力后可以将它们全部拔完，但这些小孔已经永远留下了，还是会让人有些不好受。"

这时男孩已经明白了父亲的道理和良苦用心，深深地低下了头。父亲拍拍他的肩膀说："冲动是一种没有勇气的表现，也不是英雄的性格，你从现在明白这个道理也并不晚，好好努力吧！"

其实我们的生活中有多少向别人心上"钉钉子"的行为呢？真是太多太多了。"拔钉子"都会留下伤口，何况"钉钉子"呢？也许我们无心的一次发火就会毁掉一个人的自信，我们稍微没忍住的一次怒气就会葬送一份美好的友谊，仅仅因为一个谴责的短信结束掉一段真挚恋情的事司空见惯。**冲动是一个心理魔鬼，我们任何一个想要成功，想要幸福的人都应该培养自己克制冲动的勇气，将这个心理魔鬼赶出去。**

即使像巴顿将军这样虎虎生威的猛将，其实也并不是头脑冲动之人。第二次世界大战时，巴顿第一次见到有着"沙漠之狐"之称的德军统帅隆美尔时，并没有嚷嚷着诸如"隆美尔，你这个混蛋，过来送死吧，我要收拾你"这样的话，而是高声喊道："隆美尔，你这个老狐狸，我读过你的书！"

"我读过你的书……"多么有意思的一句话，彰显了巴顿的气度，也表现出了他的勇敢自信。巴顿的言外之意就是：我研究过你的书，即使你是我的敌人，我也尊重和欣赏你。我研究过你的书，因此我了解你，即使你是"沙漠之狐"，也别想从我这儿占到什么便宜。

🦋 心灵悄悄话

在生活中我们要防止冲动，要追求勇气，真正的勇气不是那种不顾周围环境，轻率地路见不平拔刀相助，也不是那种有所不屑就出手相助的热血沸腾。真正的勇气更多表现为冷静、理智、临危不惧。而事实证明，真正的勇气能让我们赢得尊重与成功，能打造我们人生的和谐，能谱写我们生活的美好。

借口和拖延是废物的表现

人的不勇敢主要表现为奴性和惰性，而借口和拖延就是奴性和惰性的变现，当一个人找借口的时候，就证明他不敢面对眼前的现实，总想躲到事情后面去，这就是一种胆怯、一种奴性的表现；而当一个人拖延的时候，是他的惰性在作怪，奴性是惰性的延伸，惰性发展下去就是奴性，懒惰的人往往也是懦弱的。因此，我们要想变得勇敢，就要甩掉借口和拖延两个坏毛病。

在汶川大地震中有一幕让国人印象深刻：当时，特大地震爆发后，瓦砾遍地，满目疮痍。温家宝总理赶到汶川考察。指导当地官员火速展开行动。但当时有官员指出："道路无法行走。"温总理不顾年老体迈，登上瓦砾堆行走了几步，说："关键时刻人民群众需要的就是政府。"于是，救援行动火速展开。

是的，**任何一件事情想要成功，都需要你在心里刻下 6 个字：没有任何借口。**

但在生活中我们很多人做事情就是寻找借口——为自己的行为寻找各种各样的借口：

我当时身体有点儿不舒服；

我天生脑子有点儿笨；

我没有好好做，我如果好好做了肯定比他好；

都怪那台电脑，运行速度太慢了；

今天车太堵了；

那是不可能的；

天气影响了我的心情。

诸如此类，其实寻找借口只会让你的行动力低下。寻找借口可以寻得一定的安慰，但与此同时你的心理能力也就不增反降了，寻找借口让你寻找借口的心理素质增长了，但其他的心理素质都下降了，而寻找借口的心理素质增长与你的成功、你的幸福、你的优秀、你的卓越是南辕北辙的，一句话，**借口会让你勇气全无！**

有一天，潘兴将军安排巴顿一项任务："你去把这封信送给豪兹将军，他已通过了西区牧场。"这就是巴顿得到的所有信息。但西区牧场是一个很大的概念，寻找一位将军无异于大海捞针。

但是巴顿出发了，并且在天黑前赶到了西区牧场。巴顿没有找到豪兹将军。他遇到了第七骑兵团的运输队，巴顿要了2名士兵、3匹马，循着车辙的痕迹继续前行。

在漫漫黑夜中过了很久，他们又遇到了第十骑兵团的侦察队，巴顿询问侦察队长有没有看到豪兹将军，他需要给豪兹将军送封信。侦察队长告诉他，他们没有看到过豪兹将军，并说前面会很危险。但是巴顿向侦察队填充了些已经快空了的干粮和水，继续前行。巴顿穿过峡谷，并不断地填充干粮和水。他还置换马匹一直前行，最终找到了豪兹将军，将信交到了他手里。

潘兴将军有句名言就是："请直接告诉我结果，不必做过多的解释。"事实确实如此，任务完成了就是完成了，没完成就是没完成，任务没完成说得再多任务也不会自动完成。**不找借口体现了一种直面现实的勇气，体现了一种承担责任的心理担当。**

在这个世界上，如果问什么样的军人最有魅力。答案是"以服从命令为天职"的军人最有魅力。军人以服从命令为天职，这几乎是一条真理，前线冲锋你能找借口吗？救死扶伤你能找借口吗？隐蔽战线你能找借口吗？保守秘密你能找借口吗？统统不能。你找借口就意味着战地失守、同胞流血、人民遭殃乃至国破家亡。不找借口，不只是军人的天职，也是我们生活中应该做到的，如果你向往幸福与成功，那么请甩掉借口吧。

有一次巴顿将军想要提拔一个军官，但是候选人有6位。于是巴顿将军将6位候选人全部集中到帐下，给他们分派了一项任务。这项任务是让他们挖一条8英尺长、3英尺宽，且仅仅6英寸深的战壕，并且是在仓库后面。巴顿将军只说了这些信息后就走了。然后，他赶紧偷偷躲在仓库的一个角落看这6个人的动静。

这6位候选人将工具放在仓库后面的地上，沉默了几分钟后，开始纷纷讨论起来，有人疑惑：巴顿将军让我们挖这么浅的战壕，有什么用？6英寸深还不够掩蔽火炮呢。也有人想：为什么要在仓库后面挖战壕，又不是前方，这到底是什么用意？还有人抱怨：这样的笨活儿是不是应该找新兵来干？但有一位候选人卷起袖子，斩钉截铁地说道："让我们挖好战壕，然后就离开吧。这既然是命令，我们就干。"说着就埋头大干起来。巴顿毫不犹豫地提拔了这位候选人。

巴顿在回忆录中这样写道："我也并不是希望所有伙计都不去思考问题背后的原因，但是有建议可以提前或稍后和我讨论，当下接受了命令就必须不做任何抱怨和质疑地去完成，这才是一个真正的军人，我想要的就是不为任务找借口、全力以赴、干脆利落的军人。"

事实确实如此，不光军人，平时生活中我们也应该不找借口。比如，你今天学习计划没完成，纵然你找10个8个借口，那些遗漏的知识就能进到你脑子里吗？**又如，你这辈子失败了，纵然你找一千一万个借口，你能回到20岁重新来过吗？**事实就是事实，事实是最有力量的。**在事实面前，任何的语言都显得苍白。**

但在生活中，我们太习惯找借口了。习惯总是我们不知不觉中养成的。第一次找借口可能让我们成功为自己开脱，安全渡过难关。然

勇气——男儿何不带吴钩

后难免就有第二次、第三次……人类强大的惰性会让我们成为"找借口大王"。但这往往也就是碌碌无为的开始，迎接着我们的将是年老后痛心疾首的后悔。

另外，**我们也要改掉拖延的恶习，其实拖延发展下去就会找借口，拖延导致事情没完成，这时候如果稍不具有面对现实的勇气，那么找借口就会成为自然而然的现象。**世界著名军校——西点军校就有一条校规："绝不将任何事情拖到第二天。"西点军校非常抵制学员拖拖拉拉的行为。在西点看来，拖延导致平庸。西点学员上课迟到一分钟，那是很大的错误；老师下课拖堂一分钟，也是很大的失职，总之一切令行禁止。一项任务，如果逾期完成，将是很大的耻辱。

200 多年来，西点军校一直保持着列队的传统。如下就是常见的西点军校列队的情况：

无论是西点所在的哈德逊河岸上空骄阳似火，还是寒风呼啸，也无论是秋高气爽，还是春雨绵绵，中午 11 点 55 分，校园的喇叭里准时传来："所有学员请注意：5 分钟内集合，进行午间操练。请在野战夹克里面套上作战服。"

巨大开阔的阅兵场上因为矗立着若干英雄雕像而显得庄严肃穆，乔治·华盛顿将军的塑像俯临阅兵场，艾森豪威尔、麦克阿瑟的雕像挺立两侧。还有很多以英雄名字命名的兵营，格兰特营、布雷德利营、李将军营等。

"离午间操练的集合时间还有 4 分钟。"营房里的新学员站立着，个个挺拔严肃，目光有神，他们脑子里计算着离规定的餐前集合还有几分钟。在营房的过道，每隔 50 英尺就有钟表，看时间很方便。西点军校为了培养学员的时间观念，校园里设置了很多钟表。

学员们迅速地涌向营房之间的大操场。"站好队！"一声口令喊出后，一群分散的人群霎时变成一个整齐的方队——每个方阵是一个排，4 个排组成一个连，4 个连组成一个营，而 2 个营变为一个团。

"立正！"所有人都抬头挺胸，目视前方，眼光以盯着前方士兵的后脑勺为准。

列队是西点的必修课。午间列队主要的内容就是报数：从排长开始一级级向上汇报到队学员的数目。当然，这个简单列队的意义远不止于此，它是西点追求效率和纪律的象征。西点军校的午间列队，200多年来雷打不动。

一声"解散"后，士兵们分头整齐地步出操场，霎时偌大的操场上空无一人，数千学员像人间蒸发了一般，操场上一片寂静。让人慨叹纪律的伟大，士兵们的步点简直像踩着秒针进行似的。

时间观念是一个军人重要的素质，任何事情都能够根据时间把控好自己，说明这个人很有勇气。**在生活中我们可以发现，那些失败者、失意者，他们有的是时间，他们没有的也是时间，因为他们不能根据时间把控好自己，他们因为缺乏勇气将时间浪费在一些无意义的事情上。**

在我国刚刚过去的汶川大地震中，让人们对"速度就是生命"有了切肤的体会。人民子弟兵迅速出动，火速到达，挽救了很多人的生命。如果人民子弟兵有拖延的恶习，不但会让很多同胞白白牺牲，更是会伤害全国人民的感情。而人民子弟兵用他们的速度赢得了人们对他们的尊重与爱戴。但是，在2011年日本大阪的大地震中，政府行动迟缓，救援不力，致使造成了很多不必要的生命和财产损失，如果政府能严格恪守时间观念，横下决心，闪电出击，相信当时的情况不会是那样的。

朋友，你有拖延的恶习吗？你有懒散的作风吗？早上总是不能早起5分钟，上班总是迟到30秒，任务总是要让上司催了之后才加班加点，计划去看望父母也总是临出门时取消，说恐怕自己时间不够……其实，拖延懒散不光对军人危害巨大，对我们普通人也一样，也是一种消耗生命的行为，浪费时间就等于慢性自杀。如果你有上述行

勇气——男儿何不带吴钩

为，那么请记住富兰克林说过的一句话："**成功与失败的分水岭可以用这几个字来表达——我没有时间。**"

为了防止我们成为废物，让我们左手甩掉借口，右手甩掉拖延。

心灵悄悄话

当一个人找借口的时候，就证明他不敢面对眼前的现实，总想躲到事情后面去，这就是一种胆怯、一种奴性的表现；而当一个人拖延的时候，是他的惰性在作怪，奴性是惰性的延伸，惰性发展下去就是奴性，懒惰的人往往也是懦弱的。因此，我们要想变得勇敢，就要甩掉借口和拖延两个坏毛病。

用潜意识清除心理障碍

平时我们生活中的心理障碍有哪些？胆怯、恐惧、犹豫、彷徨、忌妒……这些都是让我们苦恼的心魔，而这些我们可以点击潜意识，激发勇气，将它们清除。如果说心理障碍是尘埃，潜意识就是扫帚。

在生活中我们不难发现，重大的体育比赛开始前，学校会写很多标语，放《相信自己》等振奋的音乐，或者讲演、呼号、呐喊等，这些都是为了在潜意识中加强学生的自信，清除怯场、紧张的心理障碍。尤其是高考前，我们每个人都记忆犹新，学校会召开动员大会，校长及各科老师都会拿出各自的绝活，用潜意识为大家消除心理障碍，让同学们正常发挥乃至超常发挥。

点击潜意识可以激发勇气，勇气的力量让一切心魔随风而散。如果你非常希望改掉一个糟糕的坏习惯，你就已经取得了51%的成功。不管你想了什么，一旦记在了心上，心理作用就会让它成倍增长。如果你心里一直想摆脱一种恶习，就请在头脑中运用自己的潜意识，让潜意识来激发勇气，让勇气来打败恶习，来打败折磨你的心理障碍。

可以说，运用潜意识消除心理障碍的功效怎么说都不过分。

有一个女歌唱演员，唱歌非常动听。她平时刻苦练习，想进入一家大唱片公司成为一个明星。但前两次试音的时候，她失败了，这给她留下了心理阴影。因此每当试音的时候，她总是胆怯，她不敢看主考官的眼睛，肢体动作也很僵硬。第3年的时候，她再次去试音。当踏进录音现场的时候，她的心就不由自主地"怦怦"跳了起来，她一会儿担心会跑调，一会儿担心话筒会发不出声音来，一会儿担心主考官没让她唱几句就会让她下场换上另外的人唱，总之她无法把心思集中在音乐表演上。尽管这首曲子是她非常拿手的，在平时唱的时候会完美无缺，如同天籁。

她明白她患上了心理障碍。她决心要克服这个困难，否则自己这辈子的音乐梦想就破灭了。她有个朋友是大学心理学老师。她跟朋友请教，她的朋友建议她用精神想象法来克服这个困难，她需要先在潜意识中打败这个困难。

第4年试音前的2个月。她每天中午躺在一张舒适的椅子上，让自己的身体完全放松。她开始想象她踏进录音现场，她的脚步非常从容。她开始呼吸，并随着伴奏的响起唱出第一个音，她唱得非常准确，不高也不低，那正是她最完美的音色。她的肢体语言恰到好处，和歌曲情感完全合拍。她不再担心别人会怎么说，怎么看，她只是将她热爱的歌曲唱好……

就这样，这位女歌唱演员每天中午和晚上都会在潜意识里治愈自己的心理障碍，每次想象时间为15分钟，从不间断。她发现她越来越镇定，她的想象越来越认真。转眼60天过去了，第4次试音选拔开始了。果真如她的想象，这次她再没有任何问题，她从容镇定地走上演唱台，音乐响起的时候，她很快进入了音乐世界。她的感情很丰沛，演唱技巧发挥得淋漓尽致。当歌曲结束后，她竟然获得了评委们的掌声。

这就是运用潜意识治疗心理障碍的实例。如果她没有在潜意识中激发勇气，战胜自己的胆怯、紧张、焦虑等心理障碍，那么她的音乐梦想将永远也无法实现。事实确实是这样，打篮球的人肯定有这样的体会，当你在心底深处，即潜意识中真正树立这个球会进的信念的时候，投出去的球才会从篮网中"唰"地一甩而过，而如果你有一丝一毫的犹豫、摇摆，这个球就肯定不进，也就是说想要进球，你必须先要在潜意识中有勇气进球。潜意识是你消除投球前摇摆、紧张或侥幸心理的法宝。

下面我们再看一个没有用潜意识而没有战胜心理障碍的实例。

有2个厨师，试图做同种类型的馅儿饼。他们使用相同的原料并遵循同一信函上的工艺。其中一个是失败者而另一个却造就了厨房中的最新成果。

为什么？其中一个厨师动手进行馅儿饼的制作，内心却在动摇。他知道他曾经有过制作馅儿饼失败的经历，并且担心着这次制作的结果会怎么样。他在头脑中没有描绘一幅理想的精神性的想象图景，即令人胃口满足的馅儿饼，金黄褐色的面皮中填满了有滋有味的馅儿。他心烦意乱也很紧张，在不为他所知的情况下，他的不安感被传达到他的馅儿饼制作中。

第二个厨师在潜意识中想象他做的馅儿饼将会是无与伦比的，他相信他可以调制出上等的美味佳肴，因而他的手毫不发抖，手指抓料也十分精确，他的身心全部注入将要制作的每一个馅儿饼中，结果他成功了。

由此可见，潜意识确实是清除心理障碍的法宝。**你在潜意识中激发勇气描述成功的时候，你的心理是镇定的、积极的，你的心理趋于正面活跃的状态，而不是负面活跃，即不是被紧张、焦虑、恐惧、担心等统治，而是被兴奋、乐观、愉快、高效等充塞。**在潜意识中描述成功的时候，你在事情进行的时候思维是集中的，你身体的各个部位、器官协调配合，从而发挥出最大的效益。也只有当这时候，你才能达到事物的本质，达到事物的本质之后也就意味着成功。

如果没有在潜意识中想象成功，或者说没有植入积极的观念，在

勇气——男儿何不带吴钩

事情进行的时候思绪纷乱，你一方面要操心手底下的事情，另一方面又要担心事情的结果，但还没有到事情结果的时候你担心事情的结果，那么你的精力被分散了，你的时间被浪费了，导致的结果就是浅尝辄止或者无疾而终。

当鲍勃去找心理医生时，他几乎已经对自己绝望了。"我因为喝酒而没了工作、没了老婆、没了家庭，"他跟医生说，"我老婆甚至在电话里都不愿跟我说话，她也不让我见我女儿。我不知道该何去何从了。"

"你试过戒酒吗？"医生问他。

"当然试过啊，"他回答说，"试过好多次了。我确实也曾经戒掉过一段时间，但后来又有了一种无法控制的冲动，然后我又狂喝了两周，这糟透了！"

这个不幸的人一次次重复着同样的遭遇，他意识到自己已经养成了酗酒的习惯，他知道自己必须改掉这个习惯，然而，当他用意志力来控制这种欲望时，只能暂时起作用，但事后情况总是变得更糟。戒酒不断失败的事实让他感到绝望，他感到自己无力控制自身的欲望。这种绝望感渗入他的潜意识中，使他变得更加糟糕，使他的生活中充满了一连串的失败。

医生告诉他，这需要运用潜意识的力量来激发勇气，让自身的勇气来帮助他渡过难关。他应该认识到，既然旧习惯给你带来了麻烦，你也可以有意识地去形成新习惯，你可以运用勇气的力量去获得自由、清醒和安宁。

于是鲍勃知道了，正是通过他有意识的选择，他的恶习才成为一种自动的行为。他改变了做法，在脑海中形成了一幅他所期望的画面，让画面的力量去引导他找到勇气。他想象着女儿用温暖的拥抱欢迎他回家："噢，爸爸，你能回来真是太棒了！"

他不断地练习，坐下来沉思，重复上述的想象。只要注意力一分散，他就立刻提醒自己，想象女儿的微笑，想象女儿那快活的声音让家里充满了温暖，这样，他就又会集中注意力。他不停地这样做，他知道，他的潜意识里的勇气迟早会帮他建立起一种新的习惯模式。

鲍勃认识到了，他的意识就像是一部相机，他不必做出心理上的挣扎，只要静静地调整自己的思想，将注意力集中在心中的画面上，直到完全认同这个画面为止。他经常沉浸在这种想象中，直到心中的勇气慢慢恢复。

他毫不怀疑这种画面会实现，只要有酗酒的冲动，他就会立刻鼓起勇气打断思维，不去想任何与酒有关的东西，而是去想合家欢乐的情景。他成功了，因为他坚信他会去经历心中的画面。如今，他再也不酗酒了，他全家团圆，事业有成，非常幸福。

是的，通过点击潜意识，我们就会有勇气管理自己的思维，当我们关注自己的思维的时候，我们是自由的，我们是成功的。酗酒的真正原因是消极的、具有破坏性的思想。酗酒的人往往有深深的自卑感、失意感和受挫感，同时伴有强烈的内心敌意。他们酗酒可以有无数的借口，但实际上唯一的原因就是自己的思想在作怪。

想要通过潜意识找回勇气，我们可以分三步走：

第一步，让心情平静下来，忘掉一切。进入昏昏欲睡的状态。放松心情，平静下来，使自己更容易接纳外物，准备进入第二步。

第二步，默诵几句容易记住的话，把它们当成催眠曲。为了防止走神，可以先大声读出来，或是心里默念的时候跟着不出声地对口型。这有助于让它们进入你的潜意识里。读 5 分钟，你的内在情感就会有所反应。

第三步，睡觉之前，想象一个朋友或爱人在你面前，向你表示祝贺。闭上眼睛，此时你的心情是放松而平静的，就像你的朋友或爱人真的在你身边一样。你看得到他们的微笑，听得到他们的声音，你能触摸到他们的手，一切都很生动真实。这样，你就会发现真正的自我，而这时勇气也就充满了你的心。

最后要找到勇气，我们还要发挥坚持的力量。 当恐惧来敲我们的心灵之门时，当焦虑和疑惑来侵扰我们的心房时，要记住自己的目标。想一下我们潜意识里无限智能的力量，它能源源不断地产生思想和憧憬，给你信心、力量和勇气。不要停，坚持下去，直到黎明破晓，黑暗离去。当你有了一个强烈真诚的愿望去克服你生活中的困难时，当你非常确信你一定能够做到时，当你坚信这就是你要走的路时，心中的勇气就会引导着你走向成功。

心灵悄悄话

点击潜意识可以激发勇气，勇气的力量让一切心魔随风而散。如果你非常希望改掉一个糟糕的坏习惯，你就已经取得了 51% 的成功。不管你想了什么，一旦记在心上，心理作用就会让它成倍增长。如果你心里一直想摆脱一种恶习，就请在头脑中运用自己的潜意识，让潜意识来激发勇气，让勇气来打败恶习，来打败折磨你的心理障碍。

克服羞怯，勇敢地开口

人的羞怯情绪似乎是一种与生俱来的品质，从某些领域来看，羞怯并不一定是一个完全贬义的词，有人甚至会认为"适当的羞怯是一种美德"。大概我们在现实生活中都曾遇到过十分害羞的人，他们一方面对自己缺乏信心，不喜欢公开亮相，无意与他人竞争，遇事犹豫不决，表现得很不善于交际；另一方面又往往勤于思考，凡事都会为他人着想。我们也会遇到一些不太羞怯的人，他们一方面对自己十分自信，很少拘谨，能够捕捉到较多施展自己才华的机会；另一方面，也可能太过冒失，容易与人争执，从而得罪和伤害其他人。因此，对于羞怯与不羞怯究竟是好是坏，我们不能一概而论。

但它们都不能超过一个有限的"度"，**过度的羞怯就会使人消极保守、沉溺在自我的小圈子里，而不利于一个人的成功，甚至有可能造成心理障碍**。很多羞怯程度很高的人都希望能使自己有些改变，变得乐观而外向一些，以适应现代社会。要想改变这一点，当然我们首先要把造成羞怯的原因找出来。

一般来讲，羞怯是由先天和后天双重因素影响所致。有人认为后天的环境以及长期以来形成的行为习惯对羞怯的影响会更大。据观察，有些羞怯的人在自己的孩提时代并不羞怯，只是在进入学校以后，由于学习、身体等方面的原因，受到学校和家庭方面的压力，加之自己十分在意别人的看法与评说，久而久之，才会变得羞怯；也有一部分是由于在自己童年的时候家庭的抚养环境导致的。有些家长不鼓励自己的孩子和同年龄的孩子玩耍或是周围没有同龄儿童，长期下

勇气——男儿何不带吴钩

108

来也会形成一种内向而羞怯的性格。以上两种情况在羞怯的人里占了很大的比例。针对造成羞怯的原因，我们认为要想克服羞怯，主要应从以下几个方面做起。

克服羞怯的方法：

1. 坦诚自我

首先，必须学会尊重别人，不要给别人一种傲视一切、高高在上的印象。这样，别人才会喜欢你并乐意与你交往。否则，整日孤芳自赏，尽管主观上想克服羞怯，但终因客观上的碰壁而走回羞怯的老路上去。其次，为人要热情、开朗，做出乐于与人交往的表示。否则，终日沉默寡言，别人便不愿与你打交道了。只有善于并乐于表达，并使别人在与你的交谈中获得乐趣，别人才愿意与你交谈，你也才能从羞怯的阴影中摆脱出来。

2. 关注他人

在日常生活中，要留心他人的行动和爱好，了解对方最感兴趣的是什么样的话题、行为。这样，与人交往时就能投其所好，使人觉得你容易接近，容易成为好朋友。

3. 提高认识

要明确性格是在生活过程中逐渐形成的，如果你已形成羞怯的性格，不要刻意地去追求奔放和外向，因为并不是说羞怯的人身上只是缺点，其实他们也有很多优点。要避免羞怯关键是要少考虑自我，多考虑他人，多考虑社会价值，多考虑如何与人交往。此外，还要正确认识自己，承认"羞怯"是自己的弱项，承认他人的长处，这样当别人注意到你的这方面时，你才不会紧张或刻意地予以掩饰，才能采取随和的态度，也只有这样，你同别人的关系才能更加密切而友好。

克服羞怯，提高在冒险方面的能力，卓有绩效的人往往敢于冒各种风险。

一位公司总经理说："每当我采取某种重大行动的时候，就先给自己构思一份'惨败报告'，设想这样做可能带来的最坏结果，然后问问自己：'到那种地步，我还能生存吗?'大多数情况下，回答是肯定的，否则我就放弃这次冒险。"心理学家认为：作"最坏情况预析"，有助于你做出理智的抉择。如果因为害怕失败而坐守终日，甚至不愿抓眼前的机会，根本无选择可言，更谈不上什么绩效和成功。这样，当环境稍加变化的时候，他们就会显得手足无措。

培养敢于冒险的能力：

1. 积极尝试新事物

在生活中，由无聊、重复、单调而产生的寂寞会逐渐腐蚀人的心灵。相反，消除一些单调的常规因素倒会使你避免精神崩溃。积极尝试新事物，能使一蹶不振、灰心失望的人重新恢复生活的勇气，重新把握住生活的主动权。

2. 尝试做一些自己不喜欢做的事

屈从于他人意愿和一些刻板的清规戒律，已成为缺乏自信者的习惯，以至于使他们误以为自己生来就喜欢某些东西，而不喜欢另一些东西。应该认识到，你之所以每天都在重复自己是由于你的懦弱和没有主见才养成的恶习。如果你尝试做一些自己原来不喜欢做的事，你会品尝到一种全新的乐趣，从而慢慢从老习惯中摆脱出来。

3. 不要总是制订计划

缺乏自信的人相应地缺乏安全感，凡事希望稳妥保险。然而人的一生是根本无法制订出所谓清晰计划的，其中有许多偶然因素在发挥作用。有条有理并不能给人带来幸福，生活的火花往往是在偶然的机遇和奇特的直观感觉中迸发出来的，只有欣赏并努力捕捉这些转瞬即逝的火花，生活才会变得生气勃勃，富有活力。

勇气——男儿何不带吴钩

积极尝试新事物，也就是要冒一些小小的风险。冒险是人类生活的基本内容之一。没有冒险精神，体会不到冒险本身对生活的意义，就享受不到成功的乐趣，也就无法培养和提高人的自信心。自信在本质上是成功的积累。因此，瞻前顾后、惊慌失措、避免冒险无疑会使我们的自信丧失殆尽，更不用指望幸福快乐会慷慨降临。

假如生活中未知的领域能够引起你的激情，并使你做好"试一试"的心理准备；假如人生真的如同一场牌局，而你又能够坚持把牌洗下去，不是中途退场的话，那么，每克服一个困难，你就增添了一分自信。

4. 努力实践理想

一家大印刷公司的经理曾回忆起他与自己公司一位会计员的一次谈话，这位会计员的理想是要成为公司的审计长，或者创办她自己的公司。虽然她连中学都没毕业，而且又是个新移民，但她却毫不畏惧。但随之而来的却是——公司经理提醒她："你的会计能力是不错，这一点我承认，但你应该根据自己的受教育程度，把目标定得更加切合实际些。"经理的话使她大为恼火，于是，她毅然辞职追寻自己的理想去了。

后来怎样呢？她成立了一家会计服务社，专为那些小公司和新移民提供服务。现在，她设在北加州的会计服务社已发展到了5个办事处。

其实，我们谁也不知道别人的能力限度到底有多少，尤其是在他们怀有激情和理想，并且能够在困难和障碍面前不屈不挠时，他们的能力限度就更难预料。

5. 一步一步地走下去

一位颇有经验的滑雪教练，带领一群新手到陡坡上教他们滑雪。站在滑道顶端的边缘，他们从顶端一眼望到底端，这样难免使他们感到坡陡路险，从而产生畏难情绪。为了帮助这些学员克服畏难情绪，教练反复告诉他们，不要把整个滑雪过程看成从山顶到山下，而应将其分解开来，先想着怎样滑到第一个拐弯处，再想着滑到第二个拐弯处。这样做转移了他们的注意力，他们纷纷把注意力放在目前自己能够做到的事情上，而不是目前做不到的事情上。他们转了几道弯之后，信心便增强了。无须更多的激励，他们便能顺利滑下去了。

这个方法对你同样有帮助，刚开始做一件事时，不要把注意力放在你所面临的全盘事务上。先了解第一步该怎样走？而且要确保这第一步你能顺利完成。这样一步一步地走下去，你就能走到你所期望到达的光辉目标。

克服羞怯，大胆提出自己的假设。

当你遇到某个难题时，不妨开拓自己的思维，大胆提出某种假设，或许难题会在这种假设之下迎刃而解。

1945 年一个星期一的早晨，世界上第一颗原子弹在墨西哥州的沙漠里爆炸。40 秒钟后，爆炸的震波到达基地的帐篷，科学家们都站在那里思索着。意大利裔美国物理学家恩里克·费米最先发出欢呼声。

在爆炸之前，费米就从笔记本上撕下一张纸，再撕成碎片。当他感到第一阵震波时，便把碎纸片举过头顶，然后松开手。碎纸片纷纷扬扬地落在他身后大约 2.5 码（约 2.2 米）处。经过一阵心算，费米宣布，这颗原子弹的能量大概相当于 1 万吨 TNT 炸药。复杂的仪器经过几个星期对震波的速度和压力的分析之后，证实了费米即时的计算准确无误。

1938 年费米荣获诺贝尔奖；4 年之后，他制造出第一座自续型核链反应堆，宣告了核时代的到来。自费米去世至今，没有哪一位物理学家能像他一样，集实验家和杰出的理论家于一身。

费米擅长把困难的问题分解成可以处理的小问题，这种才能我们

勇气——
男儿何不带吴钩

也可以在日常生活中运用。比如，你想不查找资料就能说出地球的周长。大家知道纽约与洛杉矶之间的距离大约是 3000 英里，两地的时差是 3 个小时，也就是 1 天的 1/8。地球自转一圈是 1 天，因此它的周长肯定是 3000 英里的 8 倍，也就是 24000 英里。这个答案与真正的数字 24902.45 英里相近，误差不到 4%。

费米在芝加哥大学的课堂上提出了这样一个古怪的问题：芝加哥市有多少位钢琴调音师？得出答案的一种方法是：芝加哥有 300 万人口，如果每个家庭平均有 4 口人，1/3 的家庭有钢琴，那么该市共有 25 万架钢琴。每架钢琴过 5 年必须调一次音，每年就有 5 万架钢琴需要调音。如果每位调音师每天能调 4 架钢琴，每年工作 250 天，1 年里总共给 1000 架钢琴调音。那么，芝加哥市应该有 50 位调音师。这个答案恐怕不一定准确。实际上可能低到只有 25 位调音师，也可能高到有 100 位。然而，用电话号码簿加以验证，结果发现：调音师的人数正好是那么多。

费米的意图是想说明，我们可以提出假设，然后估算出相当近似的答案。它的原理是，在任何一组计算里，错误往往会相互抵消。例如，有人会假设不是每 3 个，而是每 6 个家庭有 1 架钢琴，他同样也可能假设每架钢琴每 2 年半而不是 5 年必须调一次音。由于错误的估计往往相互补偿，因此其计算结果将与正确的数字相接近。

原子弹和调音师的问题很不普遍，但两个问题的解答方法是相同的，而且可以运用于更现实的问题，不论这问题是关于烹饪、汽车修理还是人际关系的。**缺乏独立思考能力的人常常向书籍或其他人求教，有独立意志的人则在人人具备的常识和事实里探究，做出合理的假设，自己得出相近的答案。**

独立地思考或发现总会得到报偿，这就是费米处理日常问题的方法及其价值所在。如果去查找资料或者让别人来发现，你就被剥夺了伴随着创造而来的乐趣和自豪，也被剥夺了增强自信心的经验。因此，按照费米那样去解决个人的难题，有可能变成你的习惯，使你的生活丰富充实。

克服羞怯，不要轻易被"拒绝"所打败。

在美国麻省理工学院进行过一个有趣的实验，研究人员用铁圈将一个小南瓜整个箍住，以观察当南瓜逐渐地长大时，对这个铁圈产生压力有多大。研究人员希望了解这个南瓜能够在这个过程中，与铁圈互动产生多少的力道，以便了解这个南瓜能够承受多大的压力。

最初他们估计，南瓜最大能够承受大约500磅的压力。最后当研究结束时，整个南瓜承受了超过5000磅的压力后才产生瓜皮破裂。他们打开南瓜，发现它中间充满了坚韧牢固的层层纤维，试图想要突破包围它的铁圈。为了吸收充分的养分，以便于突破限制它成长的铁圈，它的根部延展范围令人吃惊，所有的根往不同的方向全方位地伸展，最后这个南瓜独自地接管并控制了整个花园的土壤与资源。

我们对于自己能够变成多么坚强都毫无概念。假如南瓜能够承受如此庞大的外力，那么人类在相同的环境下又能够承受多少的压力？**只要敢于在充满荆棘的道路上奋进，大多数的人能够承受超过我们所认为的压力。**

桑德斯上校是"肯德基炸鸡"连锁店的创办人，他在年龄高达65岁时才开始从事这个事业。因为他身无分文且孑然一身，当他拿到生平第一张救济金支票时，金额只有105美元，内心实在是极度沮丧。他不怪这个社会，也未写信去骂国会，仅是心平气和地自问："到底我对人们能做出何种贡献呢？我有什么可以回馈的呢？"随之，他便思量起自己的所有，试图找出可为之处。

第一个浮上他心头的答案是"很好，我拥有一份人人都会喜欢的炸鸡秘方，不知道餐馆要不要？我这么做是否划算？"随即他又想到：

勇气——男儿何不带吴钩

"我真是笨得可以，卖掉这份秘方所赚的钱还不够我付房租呢！如果餐馆生意因此提升的话，那又该如何呢？如果上门的顾客增加，且指名要点用炸鸡，或许餐馆会让我从其中抽成也说不定。"

好点子固然人人都会有，但桑德斯上校就跟大多数人不一样，他不但会想，且还知道怎样付诸行动。随之，他便展开挨家挨户的破门，把想法告诉每家餐馆："我有一份上好的炸鸡秘方，如果你能采用，相信生意一定能够提升，而我希望能从增加的营业额里抽成。"

很多人都当面嘲笑他："得了吧，老家伙，若是有这么好的秘方，你干吗还穿着这么可笑的白色服装？"这些话是否让桑德斯上校打退堂鼓呢？丝毫没有，因为他还拥有自己的成功秘诀，我们称其为"能力法则"，意思是指"不懈地拿出行动"：每当在你做什么事时，必得从其中好好学习，找出下次能做好的更好方法。桑德斯上校确实奉行了这条法则，从不被前一家餐馆的拒绝而懊恼，反倒用心修正说辞，以更有效的方法去说服下一家餐馆。

桑德斯上校的点子最终被接受，你可知先前被拒绝了多少次吗？整整1009次之后，他才听到第一声"同意"。在过去两年时间里，他驾着自己那辆又旧又破的老爷车，足迹遍及美国每一个角落。困了就和衣睡在后座，醒来逢人便诉说他那些点子。他为人示范所炸的鸡肉，经常就用果腹的餐点，往往匆匆便解决了一顿。历经1009次的拒绝，整整两年的时间，有多少人还能够锲而不舍地继续下去呢？真是少之又少了，也无怪乎世上只有一位桑德斯上校。我们相信很难有几个人能受得了20次的拒绝，更别提100次或1000次的拒绝。然而这也就是成功的可贵之处。

如果你好好审视历史上那些成大功、立大业的人物，就会发现他们都有一个共同的特点，不轻易为"拒绝"所打败而退却，不达成他们的理想、目标、心愿，就绝不罢休。**华特·迪士尼为了实现建立"地球上最欢乐之地"的美梦，四处向银行融资，可是被拒绝了302**

次之多。今天，每年有上百万游客享受到前所未有的"迪士尼欢乐"，这全都出于一个人的决心。

多方努力去尝试，凭毅力与弹性去追求所企望的目标，最终必然会得到自己所要的，可千万别在中途便放弃希望。**这句话说来简单，但我们相信你一定会从内心同意，就从今天起拿出必要的行动，哪怕那只是小小的一步。**

🦋 心灵悄悄话

明确认识自己，承认"羞怯"是自己的弱项，承认他人的长处，这样当别人注意到你的这方面时，你才不会紧张或刻意地予以掩饰，才能采取随和的态度，也只有这样，你同别人的关系才能更加密切而友好。

勇气——男儿何不带吴钩

鼓起勇气去尝试

如果你想成功，现在你要做好准备，前进！

如果你已知道自己的选择是不断地前进，那么你就必须独自面对余生。

那么现在有什么能阻挡你前进的步伐？是什么让你不敢一试？

你听说过"约拿情结"吗？要是你整天蜷缩在自己安逸舒适的小天地，那你也许就有这种情结。从事毫无挑战性的工作，谁也不会给你增添麻烦。你避免冒险，因此没有难题，对于潜能的开发和实践你漠不关心。这就是生活？很可能，但这种生活方式会深深地伤害你。

"感觉良好时，人们从不想改变；感到厌倦时，人们才会改变。顺利时，我们总想锦上添花，不会想到去改变自己的做法。是痛苦把我们推到至关重要的转折点——我们受伤了，最终做出选择。'最终'是副词，只要能改变，就已经足够了。"

以上结论是美国西海岸两位杰出的青年博士得出的，他们是汤姆·鲁斯克和兰迪·瑞德。在他们一长串的头衔上，包括心理学和法律学副教授。俩人在圣地亚哥大学享有很高的声誉，令人十分景仰。

这一课，你将从他们大胆而率直的书中找到良药，治愈你躲在安逸小天地中潜藏的隐患。这本书就是《我想改变，但不知怎样改变》。

我们对待一切，常常过于胆小谨慎，不惜一切也要确保安全，这其实是自欺欺人。

你已经看到了，毫无意义的工作就是怯懦隐藏的一种方式。"我是律师"（或医生、经理等），好像是说"除了律师我什么也不是"。

或者是配偶有成就意味着自己一无是处，例如"医生夫人综合征"（在政客夫人、商人夫人、总理夫人、律师夫人、演员夫人的身上都有类似的症状）。实际上，无论是妻子还是丈夫，都尽量避免超越常规的挑战，都安于现状。他们相信，享受配偶的成功，为配偶的成功感到高兴，就足以让自己的生活有意义。真是又可悲又可叹！

生活在对未来的空虚幻想中变得毫无意义。你总盼着事情会发生变化：我再长大点再说吧；等我有钱了再说吧；等我受过更好的教育再说吧（或者是更讲究的说法"等我结束这个疗程再说吧"），一切就都会好起来的……那你就继续做梦吧，因为这些想法仅仅是幻想而已。

生活在对过去的留恋中毫无益处。你回想起那会儿"我年轻时""我健壮时""我的配偶还活着时"；或者更糟糕的是，那会儿"我的婚礼""我的离婚""我的手术""我的心脏病"，甚至"我失业了""孩子出生了"……没完没了，毫无出路。

查尔斯·狄更斯描写了一个形象的悲剧人物——哈维珊姆夫人。

她终日坐在为新婚庆典装修的卧室里，她被新郎抛弃之后的几十年里，天天如此。超强的胆怯让她害怕面对自己的生活。如果我们愿意，我们也能编织梦幻的世界，沉浸其中，逃避现实。托马斯·沃尔夫在《你再不能回家》一书中也表达了这个观点。另有一则古老的杂耍笑话，说明的问题有异曲同工之妙。强盗说："留下钱财，否则拿命来。""杀了我也不给钱。要钱没有，要命有一条。我的钱存着是为了防老的。"你瞧，过分谨慎的英雄就这样回答了强盗。

真令人难以置信，即使过去的习惯让人们感到痛苦、孤独、厌倦、难受，甚至遭受辱骂，可许多人仍旧继续着过去的生活方式。为什么会这样？当然……是因为，**习惯很容易成为掩盖真相的庇护所**。多少人接二连三嫁了好几个酒鬼，仍然坚持她们"从未怀疑过"自己的眼光。

一个人一生为了发财致富，每周工作 60～100 小时，努力致富。

为什么？因为他看到父亲像奴隶一样辛苦劳作，从不享受，至死还在工作。所以他不想让这种命运也降临到自己头上，他不想重复同样的生活。

还有一些人尝试小心谨慎的生活，以建立起安全的生活模式。他们并没有感到成就了什么，但是，他们已经建立起一种不成功的生活模式（无论是什么样的模式），总之可以避免失败。这是一种死气沉沉的生活，了无生机，"安全"成为压倒一切的考虑。男人可不能仅靠安全生活（当然，女人也是如此）。

生活中免不了会有风险。每一次的呼吸都会有风险的机会，心脏病、车祸、征税、商业麻烦——任何一个意想不到的坏消息，都是没有任何征兆，突然降临，让我们措手不及，难以应付。用生命冒险，对我们人类来说太难了，而且也是很难平衡的事。有时我们为了下一轮下了太多的赌注；有时，我们感到受了欺骗和伤害，于是再也不想赌下去了。

但是从某种意义上讲，目标是找到一种生活中的游戏规则，既能让我们参与其中又不会让我们粉身碎骨。

当我们超越安全的极限和熟悉的习惯，用不同的行为方式改变常规做法时，我们会有些紧张。心里从温和的、轻微的紧张，到声音发颤、心跳加速、恶心、腹泻、头晕甚至恐慌。如果我们对新机遇可能产生的结果考虑时间太长，那么恐惧就像老鼠一样，从我们思想的地下室跑出来，吓我们一跳。任何新事物都会引起惊恐。用生命冒险，与投资冒险极为相似冒险程度越高；收益也越高，赌注越大，风险就越大。

时钟依旧嘀嗒作响，时光飞逝，任何力量都阻挡不了岁月的变迁。可是，海边冲浪的两分钟也远比枯燥地开八小时的马拉松会议更富有激情。因为变化的多样性延续了时间的体验，变化本身则唤醒了我们。与不同的人在不同的地方，做不同的事情，共同分享时间，我们经历的一星期就像一天那么短暂。同样，情绪高昂比情绪低落时间持续得长而且更充实。**时间是灵活多变富有弹性的东西，对它的感受往往基于我们的年龄（无法控制的）以及我们怎样使用时间（可控制的）情况而定。**

松紧的调节在于我们自己的控制。我们拥有时间，但能利用其中的多少来提高自己呢？

人的确需要一点压力。优胜劣汰的进化论已对我们做好了"安排"，使我们在食物链的竞争中，力求生存。**适当的压力对我们的健康非常必要。**当然，太大的压力，例如太多的声音对我们会有害处。可是，没有压力，例如完全的寂静，也会让我们失衡。

许多人力图确保自己的安全，抗拒每一个可能的危害。他们从不想受伤害，从不想受惊吓，从不想经受孤独。于是，他们采用的生活方式就是为了物质需要活着，总躲进旧的习惯之中，麻木不仁。虽然他仍然渴望"自然"产生的压力，但是一旦压力来了，他们会用"内部产生"的压力填平缺口，那就是忧虑和恐惧。

当然他们不会自己承认："就算知道这种生活方式空虚无聊，我还是会采用不需要冒险的生活方式。"他们就是按那种生活方式长大的。但是你也可以对自己说："对我来说，什么样的风险是有益的？什么样的言论会帮我踏上征途？"有些人也许会发现，生理压力有助于身体健康，例如运动、体操，甚至是节食、素食，还有快走，跑步等。有些人则采用跳伞、摩托车拉力赛，或是人际关系激发的热情。有些人也许隐居于修道院，让勇气在内心深处汹涌澎湃。生活中我们每个人都有工作，那就是满足和充实我们的需要，寻找最适合我们的压力和冒险。

培养自己的勇气方法：

1. 勇于冒险

冒险是治疗的重要成分，所以无论怎样，你也别指望能逃避冒险。长期屈服于恐惧只能导致平庸，而我们倡导的生活方式是要你敢于尝试新鲜事物，要你思考"什么样的冒险会带来收获"。在这个星

勇气——男儿何不带吴钩

球上，只有渴望冒险的人才能有所作为。当然，冒险不是疯狂的冒险。如果冒险超越了适当的限度，我们反而没有充裕的时间学习和掌握新的东西。检测冒险的适当限度，要非常小心谨慎，只有这样冒险才能发挥出最好的作用。比如，当你在学骑自行车的时候，就不要去交通繁忙的路段，起码你得找一条即使摔倒在地也不会出危险的地方。

所以，去探索、去试验吧！

一边平衡风险和收益，一边尝试去冒风险。有时我们会感到冒险大有好处；而有时我们则宁愿选择安全第一。试验就是要找到最佳的平衡点，兼顾冒险的收益和冒险的安全。既然任何新事物总是伴随着一定的压力，你就得正确评估自己付出的努力。无论怎么努力，总有人比你强，关键在于你自己感到兴奋和活力。压力和冒险作为作料，能使拟订人生和计划生活的盛宴有别具一格的风味。

2. 抛弃"自我"的勇气

也许生活中最重要的历程是超越了生存意义的活动。当我们参与某项活动，实现了以前想都不敢想的梦幻，那份罕见的、甘甜的时光就会充满我们的生活。

从事艺术的人们及虔诚的宗教信徒，都期待自己的生活能达到这种"高超"的境界。其实，这是任何人都能达到的，和你爱的人、和你恨的人一样，你同样能拥有这样的经历；它也许源自烹饪，也许源自木工活，或者仅仅源自散步。

这种经历就是突破自我，完善自我。

不断提升，扫除障碍，清除污垢，忘掉忧虑，丢掉羞怯，这种力量还可以称为：气吞山河，汹涌澎湃，醍醐灌顶，或者无数个其他的名称。像爱情一样，如果从未经历过，就很难相信。无论是清点库存，还是调整引擎，任何人都可以干得富有创造力，也可以干得敷衍了事、平庸乏味。

我们经常看到，人们坐等"它——这种经历"的出现，好像突然会获得一枚奖章，成为其中的一员，因此就可以向别人夸耀："看，我等对了，也得到了。"但是，就像一出戏为了观众好看，这种经历迟早会谢幕。如果你站在山顶，俯瞰乡村，突然会有种飘飘欲仙的感觉，仿佛你也成为景物的一部分，沉浸其中。但是，你想把这美景用快照拍下来，带回家中，马上就会失去那种感受。因为，这种经历不能封存、罐装，你只能感受它，却无法出卖它。

　　从某种意义上说，这种经历的风险最大，因为你无法掌握它，也无法"证明"它，你只能成为它的一部分。你可以让自己在所做的事情中发挥作用，也可能会在这个过程中受到阻碍。你可以力求沉浸于自我，也可以争取保持自己的特性。你可以用"僵硬的"手臂把生活推开到"安全距离"以外。你可以尝试把所有的事情都变成平庸普通的事情，都变成能解释清楚、能说得明白的经历。你可以认清自己所做的一切不过都是垂死挣扎，都是为了挽回大局。同样，你还可以停止炫耀，抛弃烦恼，顺其自然。

　　这个过程的基础在于放弃控制。有种悖论认为："控制的最高境界就是放弃所有控制。"类似的观点还有：除非你能抛弃自己的东西，否则你从未真正拥有过。当我们学习新东西时，如果所有的努力都为拥有控制，就会进展缓慢。好比我们学骑自行车，如果总想自己挣扎着去控制车子，手脚僵硬地按指令去做，那摔倒的次数恐怕更多。相反，我们应该放弃那些清规戒律，放弃自己的身份，成为自行车的一部分。

　　最好的学习方法就是"抛弃自我"。如果我们能够有一段时间忘记自己是谁，而不是把自己搞得晕头转向；如果我们能忘记所考虑的、所信仰的、所想要的，甚至冒冒险忘掉自己，那我们所学到的就像鲜花盛开一样美妙。当然，只有鼓足勇气才能放弃自我，不过，收益是丰厚的。我们获得了平静，获得了对自己的正确感觉；最重要的是，我们充满了创造力和发展力。

勇气——男儿何不带吴钩

这里，更高级的课程是用"就像你会……做……"不用假装会骑自行车，而认为你就是会，放开自己，勇往直前。我们太多的教育都是以精通技术作为前提，而不是以掌握技术作为结果。要知道，技术本身没有生命，它只不过能让我们完全自如，不用再向无知低头。除非你放开自己，除非在社会某些领域你已经掌握了技术给予你顺其自然的能力，否则你绝不会相信真有这样的奇迹发生。

　　比如说，你想自己玩手球，那么就有许多非常有用的技巧要学。但是最后，你的"游戏"起码要有创造性，你把那些基本技巧有机地串在一起。如果只看到孤立分离的部分，那游戏就没什么意思了，你只不过像个机器人在模仿别人而已。

　　你想要什么样的生活？你有什么样的勇气？选择在于你自己。

　　创造力的话题总是令人神魂颠倒。纵观历史，通篇记载的都是人们研究的创造力秘密。天资聪颖的人们常常冥思苦想，试图从别人和自己的经历中找到某些固定"模式"，但却一无所获。这是因为，创造力不是一个"循序渐进"的过程。

　　美国现代社会中，对创造力理解最深刻的，莫过于运动员了。"专心致志"是他们最常用的词语，也是体育活动取得好成绩的基本前提。"精彩的比赛"与"糟糕的比赛"最常见的区别就是注意力集中的程度。况且注意力看起来取决于排除胆怯，建立自信，清除脑子里胡思乱想的杂念。

　　这种心态成为一种东方哲学思想的基本核心。的确，"心手随意——不假思索的行动"的理论，也许首先出自日本中世纪武士和剑客。在决斗中，攻击对手最好的方式是不假思索的出招，这也成就了那个时代的哲学理论。苦练技艺是基础，但是实际行动全凭感觉指使，而不是思考。通过实际决斗中的反复训练，武士们磨炼了直觉。他们能不断提高心态的境界，能够诸如"噢，不，他会向左边还是右边进攻"之类的杂念，应对泰然自若，处变波澜不惊。武士就像是他的对手一样，知道对方下一步会做什么，他又该怎样应对。

"身体远比头脑反应快"。也就是说，学习新事物需要让脑子歇会儿。你不能对大脑说别想了，那样它会反驳你的。不过，你可以静静记下它都会想些什么，然后突然想想别的，就像日本武士和东方弓箭手学禅、参禅训练一样。他们没有把注意力集中在靶心上，而是力求找到射击的"最佳"感觉。如果射击"感觉"良好，自然会箭中靶心。在黑屋里弓箭手仍能射中公牛的眼睛，不是因为公牛眼睛成为打击的目标，而是因它已经成为弓箭手感知的一部分。这种训练的目的是达到入静的状态，捕捉到"最佳"感觉。

所以，如果你想学什么新的东西，就把注意力集中在寻找合适你的"正确"感觉上。冒点风险，放弃艰苦奋斗得来的那点珍贵的控制权，让自己全心地投入所做的事情当中。

3. 开始实践

当然，天赋（或遗传基因）、学习和实践，甚至运气，都是创造力的重要组成部分。但最根本的是必须消除"自我"对事物的影响。我们可以把这一过程分成两部分：首先，你必须沉浸于创造活动之中，再放开手脚去做；其次，认真审查，用心回顾一下全过程，客观地衡量结果。"它接近我的期望吗？"就像画家挥笔，第一笔总是恍恍惚惚画出来的，然后再退回来，找到新的透视点，目不转睛地画出全局。这两个过程其实是互相交织的，但从某种意义上说，可分为两种思维状态，即创造性的活动和严格的审查。

现在，人们更热衷于追求一些特殊目标，例如名利、财富和众人的拥戴，甚至是转瞬即逝的幸福。但是如果你只是期待结果，就无法让自己完全放开手脚，去经历那惊心动魄的过程。好好地尝试一番之后，再思考、检查和回顾。记住，在尝试创造的过程中不要去检查，创造之后再修饰。如果你把注意力过于集中于成果，就会放不开手脚。

问题最终归结为你的价值取向——"胜利才是一切呢"；还是

"尝试就是成功呢"。创造，需要忘掉输赢成败，注重尝试努力。无论怎样，只注重胜利的游戏会把我们带进死胡同。在宏大的人生计划蓝图中，什么样的活动值得我们为获胜付出一切？甚至不惜杀人放火，不择手段？其实芸芸众生都真正想得到的，是舒畅的感受和宁静的心态。我们不过让幻想蒙蔽了双眼，认为一切会因胜利迎刃而解。

人们无法控制自己，不愿承担责任的一个普遍原因，是害怕失败，害怕成为失败者。只有拼上所有的努力，你才会发现自己有勇气沉浸于创造性的活动中。

如果我们选择"尝试就是成功"的生活准则，那它也会带给我们最好的成果。我们既能精通技术又能因此游刃有余地使用，给内心带来平安和宁静。有这样的态度，我们能更方便地融入创造和检查的循环中。虽然，好的结果仅仅是可有可无的额外收益，不过，我们自己知道，所做的一切仍在掌握之中。

有个农夫15年来一直试图为自己和家人创造美好生活，他从不祈求施舍或特别优待。对他而言，社会救济意味着耻辱，独立苦干才是他的座右铭，他奉行"种瓜得瓜，种豆得豆"。

可是有一年，尽管他干得不错，眼看丰收在望，而一场意想不到的风暴席卷了所有庄稼，毁掉了全部收成。他的储备根本还不上贷款，于是只好极不情愿地申请社会救济，接受救灾援助。他因为得到了"施舍"，所以觉得失败。你同意吗？

真希望你不同意。如果你同意的话，就说明你是属于害怕变化，害怕冒险和试验的那类人。害怕失败让你无能为力，把所有自尊都建立在"结果"上，因此你变成了每次机遇的奴隶。如果你爱自己，争取自由吧！无论自己的优点还是缺点，你都要爱。实际上，我们说的都是老生常谈："游戏的重点关键在于你的参与尝试，而不是最后的输赢。"可是，这种高尚的传统已渐渐消失。拉姆勃蒂教练经常说的是："事事未必取胜，但事事都值得尝试。"你却听成了"获胜高于一切！"歪曲拉姆勃蒂教练的原话，反映了社会上价值观念可悲的事实真相。拉姆勃蒂是多伟大的教育家和领导人啊，但是人们却总爱选择听自己想听的话。

为了自己，做个坚强的教练，鼓励自己不懈去努力。如果树立了目标，先别急着靠近，因为，你必须做出选择。

一方面，你可能会这么说，这样的话会让你意志消沉！"我知道我不行。也许别人能改变，但我做不到。我的童年是一团糟，我总是一次又一次犯同样的错误。我从来没有成功过。"

另一方面，你也能为自己加油："我的努力棒极了，我真为自己感到骄傲。我在全力以赴，努力创造。在尝试中我虽然失败了，但我接受失败，我接受痛苦。不过，我仍然为自己的勇气自豪，我爱自己的勇气。"

什么是成功？谁来衡量你的价值，你或观众？你想给谁留下印象？你的父母？你的配偶？你的邻居？或是那些虚构的"他们"？为了不有损你的家人，即使节假日也打扮得衣冠楚楚？

学校、媒体、教堂，对成功的定义就是：达到一个地方、一种状态和一件事、一层水平。这真是一派胡言，愚弄百姓。选择一份职业，直到你取得"成功"，人们将尊敬你，你将会得到幸福。这更是荒唐可笑！

再没有什么比大声欢呼"成功！成功！"更空洞的了。这种声音只让人感到仰慕别人的人自己不配成功。只需看看超级巨星的名单，就不难发现他们的生活始于早熟，以自我毁灭而结束；开始是演戏，最终成为观众的一员。失败和挫折使他们崩溃，使他们瘫软。

怯懦的血统来自我们对自己不配得到的成功却极度渴望。要学会在努力中放弃自我，学会放开手脚，才能获得真正的成功。

让勇气重见天日，让信心大步向前。但这并不是说，要你熬到油干灯枯。怎样运作是不能或缺的技巧；不过，不要期待有什么过于简单的公式，有什么灵丹妙药马上解决你的问题。

不论聪明与否，不论生活怎样变幻，都要鼓起勇气面对生活，放开手脚，让爱心和精力充实自己。成功是大胆地度过生活的每一刻；成功意味着在同我们有矛盾、有挑战的情况中急流勇进，奋斗，发展，成长；成功意味着找回真正的自我。

心灵悄悄话

不论聪明与否，不论生活怎样变幻，都要鼓起勇气面对生活，放开手脚，让爱心和精力充实自己。成功是大胆地度过生活的每一刻；成功意味着在同我们有矛盾、有挑战的情况中急流勇进，奋斗，发展，成长；成功意味着找回真正的自我。

第五篇　勇气是成功的一只脚

美国军火大亨杜邦公司的创始人亨利·杜邦曾经说过："困难是什么？困难是让弱者逃跑的噩梦，是让勇者前进的号角！"

纠结是心理上的亚健康。现代太多太多的人或多或少都有些纠结心理。纠结在现代社会是一个敏感的词汇。要摆脱纠结心理，就要勇敢行动。

世界上最有价值、最有用处的人，就是那些能够远远看见将来，预先瞻望到未来人类必能从今日所有的种种束缚、桎梏、迷信中释放出来，能够预见到事情的当然，同时也有能力去实现它的人。梦想者永远是那些能够成就"似乎绝对不能成就"事业的人。

困难是勇者前进的号角

在成功的道路上，我们需要勇气，勇气帮我们铸造成功，困难是勇者前进的号角。美国军火大亨杜邦公司的创始人亨利·杜邦曾经说过："困难是什么？**困难是让弱者逃跑的噩梦，是让勇者前进的号角！**"

美国心理学家曾经选取 150 名成功人士进行分析研究，发现他们身上至少具备三种优秀品质：

一是性格坚韧；

二是为目标执着奋斗的精神；

三是自信。

这些优秀品质全部彰显了他们克服困难的勇气、自信和决心。

是的，如果你相信自己是一把披荆斩棘、无往不利的刀，就要相信困难和挫折是一块不可或缺的磨刀石。困难对于一个勇者来说是磨刀石，是垫脚石，也是一笔财富，而不是万丈深渊。庸人在困难面前屈服和动摇，而勇者则杀出重围掌握命运。

所有各行各业的出类拔萃者，都是伴随着困难和挫折成长的，包括我们眼中的将军们，更是战胜了无数的困难。美国著名将领麦克阿瑟一生中说过的最具号召力的一句话就是："我出来了，但是我将回去。"这就是他面对困难时所吹响的号角。

1942 年 12 月，太平洋战争爆发了，当时麦克阿瑟在菲律宾担任美军总司令，率领美军顽强抗击日本军队。然而战线的绵长让他没能抵挡住日军的进攻，当时的罗斯福总统要求他撤离菲律宾。麦克阿瑟一度无法面对这样的挫折，他找出了父亲留给他的一把柯尔特五四手枪，决定在关键时刻自杀与菲律宾共存亡。

到了1942年2月，罗斯福和马歇尔不停地给麦克阿瑟发电报要求他撤离，并答应他撤退到澳大利亚之后，让他重新组建军队，并担任总指挥进行反抗。

1942年3月，麦克阿瑟在军部的一再催促下，无奈撤离了菲律宾，同年4月，在菲律宾巴丹半岛作战的七万余名美军官兵向日军投降。5月在菲律宾格里希绿岛作战的一万余名美军投降，日军占领了菲律宾全境。

菲律宾战役是自麦克阿瑟从军之后经历的首次惨败，他在回忆录中曾经这样说道："我从没想到，美军历史上最庞大的一次缴械投降就发生在我的手中。"

但是麦克阿瑟最终没有选择自杀，更没有选择退缩畏惧，而是面对他人生中最大的困难和挫折吹响了前进的号角，当他撤退到澳大利亚时，对媒体宣布："我出来了，但是我将回去！"

1944年10月，麦克阿瑟兑现了自己的承诺，他率领28万大军登陆菲律宾，正式宣布："菲律宾人民，我——美国陆军五星上将道格拉斯·麦克阿瑟回来了！"

麦克阿瑟面对挫折曾经彷徨过，但最终吹响了自己冲锋的号角。正如有句名言所说的一样："重要的不是到底面临怎样的困难，而是你如何对待它们。"

勇敢面对困难，大胆采取行动，然后客观地检讨自己行动背后成功或失败的原因，汲取经验之后继续前进，才是勇者选择的道路。

大音乐家贝多芬曾经说过："卓越的人一大优点是在不利与艰难的遭遇里百折不挠。"而他也的确在两耳失聪、生活最悲痛的时候，依然没有放弃希望，依然谱写着伟大的乐章，就是在这样的情况下，贝多芬写出了他最伟大的作品。

席勒被病魔困扰 15 年，而他的最有价值的作品，也就是在这个时期写就的。

弥尔顿在双目失明，贫病交加的时候，写下了他的名著。

路德幽禁在瓦特堡的时候，把《圣经》翻译成了德文。

大诗人但丁被判死刑，而过着流亡的生活长达 20 年，他的作品就是在这段时期中完成的。

一个百折不挠的人，纵然为环境所迫，也会不战栗、不惧怕，胸膛挺直，意志坚定，敢于对付任何困难，轻视任何厄运，嘲笑任何阻碍；因为忧患、困苦不足以损他毫发，反而增强了他的意志、力量与品格，使他成为一个了不起的人物——这真是世间最敬佩、最可羡慕的一种人物。

王宪明是一位优秀的家具商，然而，他的成功是经历了一番苦难波折取得的。王宪明的第一份工作是在郑州的一家建筑队里和大沙、抹墙泥。

16 岁的王宪明对高强度的建筑工地的工作非常不适应，每天累得他呕吐。在干了 4 个月之后，他跟着其他的老乡来到新密的一家私人煤矿。

在这家私人煤矿里，王宪明每天的工作就是来来回回地推煤块。沉重而又艰苦的劳动，比在工地也好不了多少。可如果说生活条件不是太好还可以忍受的话，那么工资待遇再不好就有点儿说不过去了。但是，在煤矿里累死累活推了 7 个多月的煤块，王宪明拿到手里的工资合起来还不到 1000 元钱。

极度失望之后，王宪明又跟着一个亲戚来到了千里之外的深圳。

在王宪明的印象中，深圳是打工者的天堂，到处都是发财赚钱的机会。但到了深圳之后，王宪明这才发现找工作也是非常不容易的。在起初的半个多月里，王宪明一直住在老乡家里。但就这样下去也不是长久之计。

万般无奈之下，王宪明最后去了一家采石场卖苦力。

王宪明又回到了辛苦劳累的日子。可以说，这是他从事的最沉重的体力活。采石场的运作是先将山体炸开，山体被炸药炸开以后，会滚落下大大小小的石头，有的几吨，有的达几百上千吨。而王宪明的工作就是用铁锤把大大小小的石头打碎一点儿，最后把它们统统送到粉碎机里面。

那么大的铁锤和那么硬的石头，王宪明每下去一锤都震得手臂发麻，但石头仅被"啃"了一点儿。就这么一点儿一点儿地"啃"了将近8个月的石头之后，王宪明总算找到了一份比"啃"石头要清闲得多的工作——养鸭子。

但当"鸭司令"快乐是快乐，也同样挣不到钱，一个大老爷们老是当"鸭司令"也不像那么回事儿，并非长久之计。于是在养鸭厂做了5个多月的"鸭司令"之后。漂泊不定的王宪明终于寻得机会进了汕头的一家私人家具厂。

王宪明干得非常卖力，用他当时的话说就是："再怎么说这也是一门手艺呀。"这样，王宪明很快得到了家具厂老板的赏识，王宪明干得更卖力了。

几个月后，老板又在杭州开了一家家具商场，就把王宪明调到那里去做现场安装和调度。

在杭州的时候，王宪明的卖力程度比之前有过之而无不及。无论是安装、调度、送货、维修、收款，还是为一起调过来的经理做饭、洗衣服，所有的活都做得无可挑剔。

但这位经理却不安心做工作，常常借故外出游玩。这样一来，王宪明除了要搞好安装工作之外，还要负责在家具商场里卖东西。有好几回老板突然过来视察，看不到经理在商场里工作，只看到王宪明一个人在那里卖家具，自然而然地认为经理工作不踏实，也就没少训斥他。

勇气——男儿何不带吴钩

如此几回下来，这位经理终于恼羞成怒了，反过来认为是王宪明趁他不在的时候给老板打小报告，于是就想找机会找他的碴儿。

有一天，王宪明负责安装一个桌子，无意之中把一个螺丝装错了。经理看到之后，先是破口大骂，继而朝蹲在地上的王宪明狠狠地踹了一脚。

王宪明猝不及防，一个骨碌摔倒在地上，但他硬是咬着牙没有吭声，也没有反抗。当他后来功成名就记者采访说起这件事时，王宪明是这样说的："我清楚，如果我发作了，我的工作无论如何也就保不住了，那么以后发展的机会也就没有了。所以，我只有忍住一声不吭。"

天道酬勤，王宪明的卖力工作终于得到了应有的回报。两年之后，王宪明被老板破格提拔当上了这家家具商场的销售经理，而原来那位经理则被调回汕头去了。

又过了一年之后，家具厂的老板在南京开设分公司，就任命王宪明为南京分公司的销售经理，这个时候，王宪明最大的感受是"我终于可以不干苦工了！"

王宪明珍惜这来之不易的机会，加油工作。但谁也没有想到的是，就在王宪明把南京分公司的家具生意做得红红火火的时候，汕头家具厂的两个股东闹着要分家，南京分部只好撤销了。汕头总部想把王宪明调回汕头，但是，他想了想之后还是委婉地谢绝了，他决定自己创业。

这个时候，王宪明手头已经有了 15 万元的资金，都是他靠着做家具销售的时候省吃俭用积攒下来的。王宪明花 1 万多元租了一家商场，准备专门销售全国各地的家具。摊位租好之后，王宪明来到广州的一家大型家具厂，预订市场上比较热销的家具。待到一切都办妥了，王宪明就委托一家物流公司负责拉货。

但当时只有 20 多岁的王宪明显然对人性的洞察不深，也低估了创业的风险，拉货司机拉着价值 12 万元左右的家具神秘地消失了！

王宪明痛不欲生。后来，待到公安局找到那个拉货司机的时候，所有的家具都已经被他变卖成钱并挥霍完了。抱着最后的一丝希望，王宪明想通过打官司来让这家物流公司赔偿，但怎么也没有想到的是，这家物流公司注册资金总共才有4万元，他们宁可选择关门也不愿意进行赔偿。

　　这回王宪明可真的是"赔了夫人又折兵"了：为了找司机、打官司，王宪明前前后后花了3万多元，弄到最后却什么也没有追讨回来，而且预先租用的商场也不得不毁约退掉。

　　对于一个从农村出来的苦命孩子来说，十多万元的钱绝对不是个小数目。"如果在农村生活这些钱足够了，1万元钱就可以盖上一所挺有排场的房子。"王宪明永远也忘不了这件事情，他说，"我当时甚至想到了自杀……"

　　不过对王宪明这样从农村出来打拼的苦孩子来说，最大的资本就是顽强。很快，王宪明就勇敢地振作起来了。

　　两年之后，王宪明的手里多多少少地又积攒了一些钱，找朋友借了一些之后凑够了15万元，创办了南京伟豪家具有限公司。

　　皇天不负有心人。在家具卖场开业的当年，公司第一年的销售额就达到了500万元，第二年达到了1000万元，第三年达到了1500万元，第四年达到了2600万元……

　　当媒体采访王宪明时，他是这样说的："所以你问我有什么东西在支撑我，那就是所受的苦经常促使我更加忍耐和坚强。"

　　是的，只有经历了逆境的淬炼，一个人才能真正走向成功，王宪明的成功确实是他苦难与勇气的结晶。

　　只有那些没有被不利与艰难遭遇打垮的人，那些面对困难依然百折不挠的人才是真正的强者。

　　约瑟夫·林肯这样评价："**困难对于人们会产生不同的作用：正像炎热的天气，可以使牛奶变酸，也能使苹果变甜。**"

勇气——男儿何不带吴钩

困难就如同一块试金石，真正的金子将在征服困难的过程中显现自己耀眼的光芒。困难可以使人沉沦，也可以催人奋进；可以使人浑噩，也可以让人聪慧；可以使人贫穷，也可以助人富有；可以使人卑下，也可以使人伟大——全在于你如何对待它。困难是勇者前进的号角。

心灵悄悄话

如果你相信自己是一把披荆斩棘、无往不利的刀，那就要相信困难和挫折是一块不可或缺的磨刀石。困难对于一个勇者来说是磨刀石，是垫脚石，也是一笔财富，而不是万丈深渊。庸人在困难面前屈服和动摇，而勇者则杀出重围掌握命运。

用人不疑，疑人不用

在我国古代兵书《孙子兵法》中专门有一篇《九变篇》，论述国君与派遣出去的将军的关系时说：凡用兵之法，将受命于君……将在外，君命有所不受。意即凡是带兵打仗的时候，国君派遣出去将军领兵打仗，在某些情况下，将军可以不听国君的命令。

而这就对国君提出了一个要求，就是要有勇气做到用人不疑，疑人不用，否则这仗就打不成。其实在我们平时的生活中管理人员和托付人来说，也要做到用人不疑，疑人不用，否则就不能发挥部下的最大潜能。比如，生活中我们托付人办一件事，既想得到那个人的帮助，又对他放心不下来，那么总是心里有隔阂，这样稍微有点儿风吹草动就会导致合作关系破裂，事情自然办不成。这就需要我们具有勇气，既然你吩咐、托付一个人去办事了，就要相信自己的眼光，相信自己是有能力判断正确的，你不相信你所选择的人，也就是不相信你自己，这就是一种没勇气的表现。而**如果我们充满勇气做到用人不疑，疑人不用，那么即使对方刚开始有点儿能力欠缺就会受到鼓舞，进而也变得有勇气把事情办好。**

我们大家都听到过一句话："士为知己者死"，这说的就是用人不疑，疑人不用对人的鼓舞作用。一个人，如果你有勇气给予他充分的信任，那么他也有勇气不辜负你的期望，勇气是相互传染的，你首先战胜自己的怀疑与怯懦，那么别人也会回报你坚定与勇敢。有勇气的人拥有气场，作为一个管理者也作为一个想要成功的人，你必须要战胜自己内心莫名其妙的犹疑与害怕，鼓起勇气，相信自己的判断，大

勇气——男儿何不带吴钩

胆地用人不疑，疑人不用吧。

日本松下电器公司创始人松下幸之助用人的原则是用人不疑。

松下电器在创业初期就以物美价廉的产品名扬海外，这是松下在博采众家之长的基础上加以创新取得的成就。

一般来说，在商品经济竞争激烈的情况下，发明者对技术尤其是保密的数据都是守口如瓶、视为珍宝的，最多只透露给亲友或者家人。但是，松下却十分坦率地将秘密技术述说给那些具有培养前途的部属。

曾经有人好心地告诫他："把这么重要的秘密技术都捅出去，当心砸了自己的锅！"

然而，松下却满不在乎地回答："用人的关键在于信赖，这种事无关紧要，如果对同事处处设防、半信半疑，反而会损害事业的发展。"

当然，也发生过公司职工"倒戈"的事件，比如拿着松下公司的技术参数去任职于别家公司，但是松下却坚持认为：要得心应手地用人，促使事业的发展，就必须有胆量信任到底，委以全权，使其尽量施展才能。这是他根据自己的亲身体验而建立的人生观和经营哲学。

松下的崇拜者，经营大师日本的坪内寿夫也坚信："**士为知己者死。**"完全信赖手下人员，放手任用他，他必定会在你的期待下全力以赴。你勇敢地对其信赖也是生产力。

坪内在几十年的经营生涯中一直深信不疑的是：一个肯苦口婆心培育部下的人，终究能点石成金。**由于培育部下必须付出相当的时间、金钱与精力，因此一般的经营者都不做这种尝试。而差异也正由此而生。事实是一旦部下成金，其回收效果将百倍于付出。**

而在具体动用这一观念时，关于人才的栽培，坪内坚信：完全信赖，勇敢任用，最怕半信半疑。只要你大胆任用，他必定会在你的期待下全力以赴。关于坪内的"栽培方法"，有管理专家从他手下几位重要干部的成长经历中就能看出一些奥妙。

佐伯正夫，《日刊新观察》常务总局长，说："老板从不指示我应该这样，应该那样。他总是先听我说，这是他最伟大的地方。"

佐伯在其成长过程中，就有过多次这样的经验。其中印象最深刻的一次要算松山猛虎剧场大改装一事。他对此案的提议、说服、实行到成功，使他获得了坪内的认可。佐伯之所以能一跃成为来路集团的重要干部，得力于坪内的"容人之气度"。

1973 年，亦是坪内体制确立两年后，山口义才从坪内处学习到了何谓"真正的工作"。

山口第一次获得与坪内长时间谈话的机会是在银行的门口。接着坪内带他到银行工作，帮他核算。入夜后他想今日工作应该已经结束，谁知又被带到另一座城市神户。船于次日早晨抵达神户，他们在东方饭店用餐。用餐时，坪内又谈了很多，饭后交给山口一张机票，要他自行回去。早上 10 点山口抵达松山机场，心想终于可以回家好好休息了，不料这时广播又呼叫着他的名字，说是有车来接。他原以为老板体贴周到，谁知接他的车却将他送回银行，一天的工作又忙碌地展开了。当时，山口只觉得一天就做了 3 天的工作。

而事实上，这是坪内对山口所做的干部录入试验，山口通过了这项试验，从此成为坪内实现少数精锐化的第一线指挥官中的一员。

以上是几位干部受到重用的例子，他们各自担负了不同的工作，对坪内的印象也有差异。但是他们一致都认为坪内的培养方法，就是给予他们充分的信任。坪内的用人原则也确实是：他提示构思，并授予对方行事权责，要求对方提出具体企划方案，并完全领带实施。这种情形，就如同他下达命令"攀登那座山峰"，并给予对方充分的装备与食粮，至于路线的选定，则由登山者自行解决。坪内可以想象得出高居山顶时的所有景观，但登山者缺乏这份能力，因此，他们非得辛苦地攀到山顶后方能欣赏美景。当然，流汗所得的成果自然甜美异常，尤其是这山望着那山高，就会产生不断征服的勇气与雄心。

事实也验证了坪内的智慧：当这些登山者向坪内报告结果时，坪内必然会回答这是他意料中的事，然后再暗示：如何？还想再征服另一座高峰吗？而品尝过征服滋味的人，自然会再向更高、更险、更难的高峰挑战。

生活中我们大家都知道，管理中一个中心为"忠"，如果两个中心就为"患"了，因此对所挑选的人一定要勇敢信任，让他放手管理。如果你患得患失，想让他管理，但自己又时时插手几下，那么管理者就很难建立威信，而你这样做了后，也势必影响人家主观能动性的发挥与胆量的培养，你的患得患失、摇摆徘徊会造成别人的患得患失与摇摆徘徊。

一个和尚挑水吃，挑得无怨无悔，生产力最高。两个和尚谁也不愿意单挑，就两个人一起抬吧。结果是一个和尚喝两桶水，两个和尚喝一桶水，三个和尚反而没水喝了，我们两个人抬，你没事干了；我一人挑水，你们两个人没事干了，所以大家谁也不愿意干，内讧就滋长了。因此，作为管理者就尽量要放权，考察好之后就让手下的人大胆放手去干。管理者不能用人不疑，疑人不用，结果只需一个手下能完成的事情反而完不成，那么势必会再招人，结果还是不能用人不疑，疑人不用，这样就形成了恶性循环。

在管理和生活中，只有有勇气的人才能做到用人不疑，疑人不用，怀疑和胆怯是我们人类的天性，我们需要战胜这一消极的天性，战胜的法宝就是勇气。只要我们发挥主观能动性拿出勇气的法宝，那么最终受益的人将是我们自己。你有勇气用人不疑，疑人不用，那么对对方有好处，同样对你来说也是很有好处的，至少你们可以合作得很愉快。而生活和管理中，一般来说，愉快的合作都是最高效的，笑声能促进一个人潜能的发挥，快乐的氛围对任何人来说都是一种激发能力的环境。

　　如果你是一个勇敢者，那么就请做到用人不疑，疑人不用；如果你想成为一个勇敢者，那么也请做到用人不疑，疑人不用；而如果你做到了用人不疑，疑人不用，你也就可以算是一个勇敢者了！

🦋 心灵悄悄话

　　一个人，如果你有勇气给予他充分的相信，那么他也有勇气不辜负你的期望。勇气是相互传染的，你首先战胜自己的怀疑与怯懦，那么别人也会回报你坚定与勇敢。有勇气的人拥有气场，作为一个管理者也作为一个想要成功的人，你必须要战胜自己内心莫名其妙的犹疑与害怕，鼓起勇气，相信自己的判断，大胆地用人不疑，疑人不用吧。

勇气——男儿何不带吴钩

142

勇气——"纠结"终结者

"纠结"对咱们现代人来说都不陌生，为什么？因为现代人很多都纠结。人在纠结的时候，无所适从，不知所以，茫然无措，有的只是对自己的责怨甚至憎恨。**纠结是心理上的亚健康。现代太多太多的人或多或少都有些纠结心理。纠结在现代社会是一个敏感的词汇。**

纠结从何而来？来自现代人的强烈欲望。现在社会信息多，人们既想这样东西得到，那样东西也得到，想"鱼和熊掌兼而得之"，显示出很强烈的欲望，但两千多年前的孟子老先生告诉人们："鱼和熊掌不可兼得。"这是一条真理，因而现在人们就在那儿不断算计着，算计着，算计着……这样纠结就产生了。

要摆脱纠结心理，就要勇敢行动。你要明白，世间万事万物都是相对的，每一件事情都有两面性。每一个行动都会产生正反两方面或者说阴阳两方面的结果。比如结婚，如果你想享受天伦之乐，就结婚，但这会失去相对的自由；而如果你想享受"单身贵族"的快乐与浪漫，就晚几年结婚，这些都是理所当然的。不光是结婚，任何事情都一样。正如姜文在《让子弹飞》里所说的："子弹打出去，总会有结果的。"但你首先要把子弹打出去，这样才会有结果。"打"这个行动是产生结果的前提。因此，平时我们就要善于发现自我，而在事情来临的时候，就不要想这想那，算来算去，大胆判断，果断行动，拿出勇气，你往往就能抓住幸福和成功。纠结的人，很多时候连身边的爱情也会溜之大吉。

有一个男孩，在和女孩热恋的激情褪色以后，开始有点儿争吵了。

男孩任何事情都会包容女孩，甚至吵架时，男孩也只会沉默忍让。而女孩优越的条件和漂亮的面孔常常让男孩感到自卑，尽管男孩知道女孩一点儿也不在乎这些。

而在女孩心里却有点儿恨铁不成钢，她不想男孩这个样子，有时候争吵本不想说一些伤人或者负气的话，但是当她一看到男孩忍让的样子时，火气就更大了。

女孩一直小心翼翼地维护男孩的自尊，直到有一天，她冲动地说了这句话："分手吧。"男孩很伤心，可是不知道到底要不要发泄出心里的怒火，最后低声说："好吧。"

其实女孩话一出口就后悔了。但女孩任性惯了，又放不下高贵的自尊，于是，恨恨地收拾了自己的东西走了。走的时候有些迟疑，而男孩张了张嘴，却一句话也没有说出来，两个人从此以后没有了音讯。女孩没有再谈恋爱，男孩也一样。

几个月过去了，他们在一次聚会上意外相遇了，两个人彼此相对沉默了很久，然后离开。女孩的脚步一再停驻，好像等待男孩说些什么，但男孩的嘴巴却闭得紧紧的，他很想说"留下来吧！"，但不知道会不会遭到女孩的拒绝，心里总是在等待着某种力量，最终一句话也没有说，女孩最后失望地绝尘而去……

一年以后，两人无意在街上再次相遇，情形和上次差不多，不同的是，在离开的时候女孩说了句："我恨你"，说完后掉头就走了。女孩一走，男孩的眼泪就流下来了，他恨自己，恨自己为什么当时没有把女孩挽留下来！

时间飞逝，又是两年过去了，一天，女孩托人费尽周折找到了男孩。

原来女孩出了车祸，伤得很重！弥留之际，她只想再见男孩一面，男孩接到消息后立刻赶去医院。

当他看见女孩柔弱的身躯静静地躺在病床上时，终于失神了，他扑倒在女孩的怀里，控制不住的热泪大颗大颗地从眼眶流了出来，滑过他苦涩的脸孔，滴落在女孩的胸膛上……

男孩紧紧握住女孩的手说："不要扔下我，我不许你离开，求求你！你要为了我留下来……"

女孩挣扎着说："我等你这句话等了三年了，可是你迟迟不肯说。我恨你！一辈子都会恨你。"女孩又说："如果你想挽留我，只要你说一句话，我会立刻回到你身边，因为我真的很爱你，可是现在一切都晚了！"

男孩哭得更厉害了，撕心裂肺地说："对不起，我错了，对不起……"

最后，女孩还是带着哀怨离开了，男孩觉得自己也随着她的灵魂去了。男孩知道一直以来，自己同样深深地爱着女孩，他不能原谅自己，他恨自己，为什么当初前思后想那么多，不勇敢地去挽回！

其实这样的事在每天生活中都在发生，也几乎可以断定，我们每个人一生中都会有几次纠结的经历，但这是一种有害的心态，就像这个男孩，纠结过多，失去了自己的幸福，着实可惜！

勇敢行动是纠结的终结者，其实只要你行动起来，你的心理能量就会增长，你就会更加清晰地发现自我，这样你就更加不会纠结。可能我们刚行动的时候也会犯点错，但比起勇气的增长它的价值是远远胜过的。

那些成功人士的一大特征是什么？答案是善于果断行动且行动大胆。的确，像芦苇一样摇摆不定的人，无论其他方面多么强大，在生命的竞赛中，也总是容易被那些坚定的人挤到一边，因为后者想做什么就立刻去做。可以这样说，拥有最睿智的头脑，不如拥有"快刀斩乱麻"的品质。"快刀斩乱麻"表现为一种勇敢、一种果断。

成功人士都喜欢一个词——勇猛精进。这个词就代表了一种果断，一种大胆，一种行动要快、要"狠"的有机结合。**勇猛精干能使我们在遇到困难时，克服不必要的犹豫和疑虑，勇往直前，并且发挥心理潜能行动到位，直至取得成功。**有的人面对困难，左顾右盼，顾虑重重，看起来思虑全面，实际上渺无头绪，不但分散了同困难做斗争的精力，更重要的是会销蚀同困难做斗争的勇气。果断的个性、勇敢的行动，是战胜困难和实现人生价值的良方。

李晓华，中国的超级富豪之一。在20世纪80年代就曾以一举斥资购下"法拉利"在亚洲限量发售的新款赛车而闻名京城。在李晓华的个人生意的投资史上，最迅捷有力且惊心动魄的是在马来西亚的一桩买卖。当时，马来西亚政府准备筹建一条高速公路，通往一个并不繁华的地方。虽然政府给了优惠的政策，但因人们认为这条并不长的公路车流量不会太大而无人竞标。李晓华闻讯赶往该地考察，并得到一个极其重要的信息：距公路不远处有一个尚待最后确认的储量丰富的大油气田。只因尚未确认，媒体没有正式公布。

如果这一消息得到确认并正式开采石油，那么这条公路上的车流量可想而知。随着消息的公布，整个地价会直线上涨，其前景极为可观。

李晓华经过一番考虑，迅速下定决心，冒着破产和离婚的可能，咬牙拿出全部积蓄和房产作抵押，从银行贷款3000万美元拿下了这个项目。但期限只有半年，倘若这期间内这条公路不能脱手，贷款还不上，李晓华将倾家荡产、一贫如洗。

5个月过去了，大油气田的任何消息都渺无踪影。其间，这位备受煎熬的富豪为了节省开支，吃起了盒饭和方便面，在香港只坐6角钱的老式有轨电车。他的身心备受煎熬，前程吉凶未卜，他甚至也开始考虑"后事"了。

可是到了第5个月零第16天时，消息终于正式公布了。当天，投标项目数据立即翻了一番，并连续几天持续看涨。李晓华的前瞻性

勇气——男儿何不带吴钩

投资终于得到了成功的回报。

果断、大胆，是李晓华致富的两大法宝。用现在流行的话来说就是：**左手果断，右手大胆，你就是王者。**

行动迅速且大胆的品质能够帮助我们在工作和学习的过程中，克服和排除同计划相对立的纠结心理，保证善始善终地将计划执行到底。思想上的冲突和精力上的分散，是优柔寡断的人的重要特点。纠结之人没有力量克服内心斗争着的思想和感情，在执行计划的过程中，尤其是在碰到困难时，往往长时间地苦恼着该怎么办，怀疑自己所做决定的正确性，担心决定本身的后果和实现决定的结果，心理能力十分低下。而行动迅速勇敢的品质则能帮助我们坚定有力地排斥上述这种左顾右盼、顾虑过多的庸人自扰，把自己的思想和精力集中于执行计划本身，从而加强了自己实现计划、执行计划的能力。

人有发达的大脑，行动具有目的性、计划性，但过多的事前考虑，往往使人被犹豫不决、优柔寡断的心理所困扰。许多人在采取决定时，常常感到这样做也有不妥，那样做也有困难，无休无止地纠缠于细节问题，在诸多方案中犹豫徘徊，陷入束手无策的境地，这就是纠结的典型症状。大事情是需要深思熟虑的，然而生活中真正称得上大事的并不多。况且，任何事情，总不能等待形势完全明朗时才做决定。事前多想固然重要，但要放弃在事前追求"万全之策"的想法。实际上，事前追求百分之百的把握，结果却常常是一个真正有把握的办法也拿不出来。因此，想要摆脱"纠结"的心魔，平时就一定要训练自己行动勇敢而迅速的品质。

宝洁公司的创始人之一，威廉·普罗科特，31岁时来到辛辛那提市寻找创业机会。他发现，在这座近3万多人口的城市里，制造蜡烛的原料非常丰富，而高质量的蜡烛却十分缺乏。他小时候曾经在英国的蜡烛作坊干活，懂得怎样制造高质量的蜡烛。于是他果断地决定在辛辛那提办一家蜡烛工厂。他说服了自己的一个伙伴，一家小肥皂厂的股东甘布尔，合伙办蜡烛工厂。甘布尔看到制造蜡烛的大好前景，而肥皂工厂在当时是惨淡经营的行业，甘布尔便毅然退出了肥皂厂。他们俩合伙办起的蜡烛厂就是现在的宝洁公司。

蜡烛使他们赚了一些钱。但是，当洗澡成为时尚，肥皂的需求量大增时，他们又果断地将经营重心转向了肥皂，并以良好的信誉赢得了市场。当时，松香是制造肥皂的重要原料，只能从美国方面购买。南北战争爆发前，他们觉得松香的供应将会短缺，便打算大量采购储存。但这是一个冒险的决定，因为一旦情况不是他们预料的那样，采购将会导致资金链的紧张。但他们思考之后，还是勇敢迅速地采购了大量松香，并储存在库房里。结果，当松香的价格上涨 15 倍，许多肥皂厂不得不停产时，宝洁公司仍然在正常生产，渡过了难关。

迅速勇敢的决策行动使宝洁公司始终领先于它所在的行业。在松香、猪油等原料开始匮乏的年代里，宝洁公司首先投入资金研究制造肥皂的新工艺，他们找到了更容易获得的原料和更经济的生产工艺，推出了比旧式肥皂更好、更廉价的产品——"象牙肥皂"。此后在科研、广告方面，他们总是捷足先登、够勇够威，霸占着在清洁剂行业中的老大地位。

三国时期的曹操说："**夫英雄者，胸怀大志，腹有良谋，有包藏宇宙之机，吞吐天地之志者也。**"曹操的这番话，说的正是成大事者果断决策、勇敢行动的能力。

固然，行动勇敢、果断的人在做出决定时，他的决定也不可能会是什么"万全之策"，只不过是诸多方案中较好的一种。但是在执行过程中，他可以随时依据变化了的情况对原方案进行调整和补充，从而使原来的方案逐步完善起来。"万事开头难"，许多事情开始之前想来想去，这样也无把握，那样也不保险。当减少那些不必要的顾虑后真正下定决心干起来，做着做着事情就做顺了。你也会发现，你的纠结心理越来越无影无踪了。

最后我们要注意，我们这里所说的勇敢行动可以终结纠结，并不是说要莽撞。什么事情都不能过分，一过分事情的性质就会向相反的方面转化。你不能只为了摆脱纠结而去行动，那是一种被动的行动，你要为了把控人生、战胜纠结而去行动，这样你才会拥有果断、勇敢的品质。如此。你的心理上也就渐渐不会有"纠结"两个字了。

心灵悄悄话

　　勇敢行动是纠结的终结者，其实只要你行动起来，你的心理能量就会增长，你就会更加清晰地发现自我，这样你就更加不会纠结。可能我们刚行动的时候也会犯点错，但比起勇气的增长它的价值是远远胜过的。

勇气让你梦想成真

梦想，促使人生富有价值。它是把人类从卑贱中释放出来，把人类从平庸中提升出来的一种动力。现在的一切，只是过去各时代的梦想的总和，是过去各时代的梦想实现的结果。没有梦想者，没有寻梦人，美国也许至今仍是一片未开垦的土地。世界上最有价值、最有用处的人，就是那些能够远远看见将来，预先瞻望到未来人类必能从今日所有的种种束缚、桎梏、迷信中释放出来，能够预见到事情的当然，同时也有能力去实现它的人。梦想者永远是那些能够成就"似乎绝对不能成就"事业的人。

现实生活中，在各界取得巨大成功的人总是那些梦想者。例如，工业巨子、商业领袖等大都是想象力很丰富的人。他们对工业、商业上的发展的可能性，均有先见之明。

常常将自己从一切烦恼痛苦的环境中挣脱出来，沉浸于和谐、美、真的空气中，这种能力真是无价之宝，假使我们梦想的能力被夺去，恐怕我们中间再没有人能有勇气、有耐心继续战斗下去了。

约翰·华纳马克原本是费城一家零售店的店员，他也是一个很好的例子。他很早就下定决心，有朝一日要自己开店。他把这个想法告诉老板，老板笑他说："天啊！约翰，你的钱还不够买一套西装哪！"

"没错，"华纳马克说，"我还是要开一家和你一样，甚至更大的店。我一定会做到。"在华纳马克事业最顶峰时，他拥有全国规模最大的零售店。

"我没有读过什么书，"几年以后，华纳马克说，"但是我不断地充实必需的知识，就像火车头一样，一边走一边加水。"

记住，一个人只要敢于大胆梦想，并对自己的信念坚定不移，就没有做不到的事情。

善于梦想的力量是人类神圣的遗传。只要你相信你的事业定会成功，一个美好的明天定会到来，那么，创业的艰辛和今天的痛苦对你来说就不算什么。但是应该注意，有了梦想同时还须努力实现。如果有梦想而不去努力，徒有愿望而不能拿出力量来实现愿望，那是不能成事的。只有实际的梦想，加上坚韧的工作，才有用处，才能开花结果。

一旦你决定了怎样把握你的生活，那么你就必须采取行动促进其实现！要学会锻炼自己向着自己设立的优先目标努力工作。你的老板会给你指定你需达到的限额和目标；你的家人也会经常对你讲他们的需要和愿望；你也知道国家的税收部门要求你定时纳税。然而，只有你自己才能提出对实现你自己的目标的至关重要的要求。

任何决定只有执行时才具有价值。基于这一点，大多数目标最终都会破产。问多数人到1月1号他们新年所做的决定坚持下来多少，他们都会承认，他们甚至不能记起这些具体的决定是什么了。你不可能花"将来某个时候挣的钱"，不可能享受到"你想要读的书"的乐趣，也不可能永远生活在你曾经有过的美好的回忆中。

当然，把握新机会和利用新情况，灵活掌握，适时变通一下你的目标也是很重要的。

那些集中精力朝着目标努力的人，与那些一生漫无目的四处徘徊的人比起来，不仅更易于能实现他们生活中各种有价值的目标，而且在面对突发的新情况时，更能轻松、灵活地调整自己的目标。他们比那些漫无目标的人过得轻松得多。"你对目标的态度，而不是你的智能，决定你成就的高度。"是一句简明的、经常被提及的谚语。**在你**

努力实现你的目标的过程中，没有什么能比你对目标表现的态度更重要的了。

一个普通人，你问他（或她）希望从生活中获得什么，回答总是些明确的、具体的目标，如良好的教育、优越的职业、美满的婚姻、和睦的家庭、旅游、金钱、成功等。

这些目标对于你设计令人满意的生活没有多大帮助。之所以这样，原因有两个：

第一，这些目标是固定的，缺少变化的，而生活恰恰相反，它是动态的、不稳定的、变幻无穷的。比如说，你希望有一个好的职业，这意味着什么地方有那么一个职业在等着你，它将永远使你感到愉快。或者你向往一桩美满的婚姻，这意味着如果你找到了意中人与他（她）结婚，那么，以后你会一辈子生活得很幸福。

遗憾的是，实际情况并非这样。实际上，所有目标如果不做某些调整、更新，就会因时光的流逝而黯然失色。一种工作于第 1 年生机盎然，5 年之后，则没有多少兴趣了；若不更新，10 年以后它就会变成机械的活动，20 年以后则如同坐牢了。婚姻也同样如此，离婚率也许是婚姻失败的最好的标志。它的持续上升，告诉人们，即使是所谓"白头偕老"的爱情，如果缺乏更新，随着时间的流逝，也会削弱，产生变异。

这些特定的具体目标并不是我们为之奋斗的重点所在。**第二个原因是：它们一旦实现，就不再显得重要了。**提职、挣一万美元，与世界上最显赫的人物结婚，赢得金牌，获得学位，完成定额。这些都只是引诱我们去追求的理想，它们是令人神往的，特别是在开头的时候。但是如果它们只是空洞的允诺，没有在现实中得到实现，就失去吸引力了。美国女诗人艾米·狄金森写道："从未成功者，方知成功甜。"没有哪一个具体的目的一旦达到了，它还能使人们保持对它长时期的兴趣。在现实生活中，没有这种"理想的境界"，要认识这一点，需要很多的生活阅历，在现实生活中，有的只是通向理想境界的

勇气——男儿何不带吴钩

道路，而我们总是走在这条道路上。

放弃"结局"的概念，是我们规划人生的最重要的一步。很多人很难接受这一点。但对单一的幸福结局的追求，总是会遭到失败的。

这听起来似乎悲观，不过那只是在你将生活看成单纯的情况下才这样。生活是复杂的——这才令人感到趣味无穷。

你应该用这种态度看待生活：将生活看成是在你前面无限延伸的、漫长的、渺无尽头的道路，你只有不断地努力向前走，才不会在中途迷失。人生自有一套游戏规则，技艺纯熟的玩家当然比技艺生涩的人占优势。成功的人多半实至名归；而失败者往往也是罪有应得的。相信运气远不如相信你自己。

如果一个年轻人相信运气会从天而降，他就会不断地拒绝各种机会，因为那些机会都不够好，他所要的是大名厚利、高职位，他不屑从基层起步。我们可以想象，不久人们便懒得给他任何机会了，而他一生很可能就这样耗掉。一味相信运气，使这个年轻人丧失许多机会。

真正想成功的人，会把运气撇在一边，抓住机会，不放过任何让他成功的可能。他不会等待运气护送他走向成功，而会努力换取更多成功的机会。他可能会因为经验不足、判断失误而犯错，但是只要肯从错误中学习，等他逐渐成熟后，就会成功。

真正想成功的人，不会只是坐下来怨天尤人，埋怨运气不佳。他会检讨自己，再接再厉。

人们多半对运气都采取宁可信其有的态度，不是有人具有第六感觉吗？不是有人未卜先知吗？他们可以预测股市的涨跌，可以断定一个人的福祸，这些人也许可以告诉你是否会成功，或者如何成功。别相信他们，他们不过是善于掌握人类的心理罢了。

从商和从政的人往往奇招百出，让人目不暇接，然而他们私底下费了多少工夫，一般人并不了解。一项新产品的问世，事前需要经过极周密的市场调查，它的成功绝非偶然；一个政治人物的改革方案，也是长时间明察暗访后，才归纳出民意来。灵感不是突如其来的，而是无数愚者用尽心思而迸出来的火花。

很多人预测成真时，总是谦逊地说："运气真好。"但我们应该知道，经验与判断力才是他们的利器。坐待运气的人，往往以空虚或灾难临头收场。但这种繁华很容易变成过眼云烟。大起大落的人，通常就是最相信运气的人。有许多人庸庸碌碌，默默以终，这是因为他们认为人生自有天定，从没想到可以创造人生。事实是人生存在世上，那是天定；好好地利用自己的生活，使它朝着自己的计划和目标奋进，这样就成了人生。这种坚定刻苦的人成功的原因最少有如下三个因素：

1. 想象力

伟大的人生以憧憬开始，那就是自己要做什么或要成为什么的憧憬。南丁格尔的梦想是要做护士，爱迪生的理想是做发明家。这些人都为自己想象出明确的前途，把它作为目标，勇往前进。

你心目中要是高悬这样的远景，就会勇猛奋进。如果自己心里认定会失败，就永远不会成功。你自信能够成功，成功的可能性就大为增加。没有自信，没有目的，你就会俯仰由人，一事无成。

2. 常识

圆凿而方柄是绝对行不通的。事实上，许多人东试西试，最后才找到自己真正的方向。美国画家惠斯勒最初想做军人。后来因为他化学不及格，从军官学校退学。他说："如果硅是一种气体，我应该已经是少将了。"司各特原想做诗人，但他的诗比不上拜伦，于是他就改写小说。要检讨自己，在想象你的目标时多用点心思，不要妄想。

3. 勇气

一个人真有性格，就有信心，就会有勇气。大音乐家华格纳遭受同时代人的批评攻击，但他对自己的作品有信心，终于战胜世人。黄热病流传许多世纪，死的人无法计算，但是一小队医药人员相信可以征服它，在古巴埋头研究，终告胜利。达尔文在一个英式小花园的家中工作20年，有时成功，有时失败，但他锲而不舍，因为他自信已经找到线索，结果终得成功。

目标、常识、勇气，即使是稍微运用，亦会产生很可观的结果。如果一个人一心想发财，他可能会遭受无情痛击；如果他一心想享乐，他可能会自讨苦吃。但是如果他所想的是有所建树，他就可以利用人生的一切机遇。

爱默生说："只有肤浅的人相信运气。坚强的人相信凡事有果必有因，一切事物皆有规则。"要怎么收获先怎么栽种，这比坐待好运从天而降可靠多了。

心灵悄悄话

善于梦想的力量是人类神圣的遗传。只要你相信你的事业定会成功，一个美好的明天定会到来，那么，创业的艰辛和今天的痛苦对你来说就不算什么。但是应该注意，有了梦想同时还须努力实现。只有梦想而不去努力，徒有愿望而不能拿出力量来实现愿望，那是不能成事的。只有实际的梦想，加上坚韧的工作，才有用处，才能开花结果。

第六篇　勇气造就最佳人际

当人身处逆境时，各方面对你都是一种考验。如果怨天尤人、抱怨声声，结果只能是自我孤立。相反，大度待人、高风亮节，自然能够赢得别人的尊重。

有时候，我们勇敢反击别人的过分行为是为了保护双方的合作关系或者友谊，当别人过分时我们委曲求全，这是一种失去自我的行为，而我们的失去自我会导致别人更加地失去自我，这样恶性循环到了一定程度或者一定时候，那么面临的就是关系的彻底破裂。因此，鼓起勇气反击过分，不仅是为自己好，在某种程度上说也是为他人好。

该出手时就出手

一般来说，在生活中我们要和颜悦色、宽容对待他人，但是生活中充满了欺诈，有些人自我定位不准，自我认识不清，一味地忍让会让他们觉得你软弱可欺，而这些人又没有什么自知之明，因此，他们就会越来越过分。这个时候就需要我们拿出自己的勇气来，对他人过分的行径，坚决做出反击。当我们对他人的过分行径做出了反击的时候，也才能让他们估量估量自己的定位，这个时候也才反映出了我们的价值。勇气让你赢得尊严，勇气让你减少麻烦。

众所周知，我们周围的生活圈子很大，什么人都有。职场中爱告黑状的同事、欺上瞒下的主管；生活里蛮横不讲理的路人，虚情假意的朋友……虽然你极不希望自己遭遇这些令你头疼的人和事，但又不可避免会遇到。**有时候，你的妥协和退让也许能够息事宁人，但更多的时候，会让对方的气焰更加嚣张，这个时候，最好的解决方式就是鼓起勇气，直接出击。**

大学毕业后，高珊进入一家私企工作。上班没几天，人力资源助理孙小姐就给了她一个下马威。由于学校通知所有毕业生要在下周一前将户口迁出学校，高珊在周四下班的时候就向孙小姐请了假。

谁知周五中午，高珊刚想出门，就被孙小姐叫去人力资源部帮忙招聘新员工。做财务工作的高珊直接拒绝了孙小姐的要求，说自己已经拿到了请假单，更何况招聘的事情并不是她的本职工作。说完，高珊扬长而去。

周一上班。孙小姐通知高珊可以收拾东西走人了，因为她被解雇了。高珊说要见人力资源总监，但孙小姐说总监还没有上班，坐在旁边的老同事一面暗示高珊不应该得罪告黑状的孙小姐，一面提醒高珊去找孙小姐赔礼道歉也许还有回旋的余地。

高珊却在所有人诧异和惊讶的目光中冲进了楼上总经理的办公室，质问总经理凭什么炒了她。总经理见状也很气愤，训斥高珊说："你不是说就算我炒了你，你也要出去玩吗？"高珊一听便知道这是孙小姐的功劳，于是一咬牙竹筒倒豆子般把周五的事情前因后果说了个清清楚楚。

听完高珊的话，总经理瞪大了眼睛。沉吟片刻后，对高珊说："没想到事情这么复杂，看来炒你是个误会，希望你能不计前嫌回来工作。剩下的事情，我会妥善处理的。"没过几天，孙小姐就接到了离职通知。办公室里的人都对高珊刮目相看，因为他们都曾经吃过孙小姐的苦头，但大家都选择了忍耐。没想到，飞扬跋扈的孙小姐就这样被高珊给扳倒了。

职场中，有可能会受到来自同事或是上司的人格侮辱、肢体侵犯、邮件骚扰等各种侵犯行为。面对这些过分行径，很多人本着"宁愿得罪一个君子，不愿得罪一个小人"的原则选择了一味退让。但斯坦福大学教授罗伯特·萨顿提出了一个截然不同的观点，那就是：鼓起勇气，干掉他们！职场无浑人。这个言论在 2004 年被评选为《哈佛商业评论》突破性观念。

某知名招聘网站曾经做过一个调查：如果遇到职场小人该怎么办？

数据显示，有 24.78% 的人选择了"默默忍受"，与之得票率相近的是"直接向老板澄清事实"选项，达到 23.78% 的比率。看来这两种方法，是目前职场人在遇到小人时的主要应对方式。有 14.06% 的受访者认为应该对小人的抢功行为进行反击，所谓魔高一尺，道高一丈，对小人绝不能姑息养奸；更有 13.66% 的人认为对付小人必须联合其他人，发挥群体的力量，这样小人就再也没有存身之地了；当然也有比较中庸的做法，12.14% 的人认为惹不起躲得起，不与小人计较；仅有 0.92% 人表示可能会迫于压力与小人为伍。

从以上种种调查中我们会发现，还是有很大一部分人勇气比较缺乏，其实当一些自我定位不准、不受道德约束的人对我们有过分行径时，我们没必要害怕，力的作用是相互的。只要你勇敢反击，他心里也会感到害怕，而这也消耗他的心理能量，以后遇到你时，他可能也掂量着一点儿了。

所谓很多做事过分的人最害怕勇气，他们刚开始的时候只是试探你，这个时候你若忍让，他们就会在心里把你列入好欺负的名单，从而以后会经常欺负你，这样会让你的日子更不好过，可能刚开始你反击的时候并不是那么费力，但越到后来就会越费力，这就需要你鼓起更大的勇气，如果你鼓不起来，那么就形成恶性循环了。所以，当他人有过分行径的时候，我们一定能够要鼓起勇气进行反击。

其实有时候我们勇敢反击别人的过分行为是为了保护双方的合作关系或者友谊，当别人过分时我们委曲求全，这是一种失去自我的行为，而我们的失去自我会导致别人更加地失去自我，这样恶性循环下去到了一定程度或者一定时候，那么面临的就是关系的彻底破裂。因此，鼓起勇气反击过分，不光是为自己好，在某种程度上说也是为他人好。

"职场无浑人"原则已经被越来越多的人所接受。这个原则不仅适用于对于职场中的同事和上司，甚至对于一些无理取闹的顾客，也可以拒绝为他服务。

西南航空公司的一位副总裁看到一位顾客冲着员工咒骂还用肢体威胁，他对该顾客说，要是你能乘坐其他公司的飞机，大家都开心。于是，这位副总裁把这位顾客带到另一家航空公司，并给他买了张等额机票。这也是一种坚决回击的方式，而且也收到了很好的效果，人们交口称赞，这家航空公司的口碑更好了。

我们要知道，我们生活在这个世界上，就必须要做好与浑人打交道的准备，有时候，适当发挥"浑"也可能带来意想不到的结果。苹果 CEO 乔布斯脾气暴躁，其苛刻的批评让周围的人抓狂，甚至逼得一些人辞职，但这也是他成功的关键。

回头翻翻历史教科书，看看一味割地赔款的清政府最后是多么狼狈不堪。面对一些恃强凌弱的人，退让不能从根本上解决问题，只能滋长他们的嚣张气焰。生活就是一场 PK，仅仅是防御和弃城逃跑是无法取得战斗胜利的，我们必须学会进攻和回击。

不可否认，生活中总有一些恶人会故意欺负他人；也不可否认，人性是复杂的，有时候一个人会故意欺负别人，而当我们遇到故意刁难我们的人时该怎么办呢？毋庸置疑，我们要勇敢地"点"他的死穴。

当一个人故意刁难你的时候，已经脱离了尊重的范畴，你在别人眼中已经不是一个完整的人，可能只是人家眼中的一个玩物。因此，你就没有必要再放不下你的矜持，为了找回你的尊严，你应该鼓起勇气，"点"他死穴。勇气让他人清醒，勇气让他人重视你。

小时候，我们常常用来吓唬小伙伴的一句话就是"你再欺负我，我就告诉老师"。很多时候，我们的本意并不是去告状，而是用他们最怕的"老师"来威胁他们。同样的道理，面对一些不讲道理的人，最好的办法是找出他最大的弱点，然后"点"其死穴。

郑老板负责与一家公司签订某产品的代理协议，双方就代理的费用产生了分歧。郑老板表示，10% 的代理费已经很高了，若是在其他公司 8% 都可行。但是面对郑老板的暗示，对方却得寸进尺，竟然说："我知道这件事，不过我想再升 2 个百分点怎么样？"

谈判经验丰富的郑老板一看就知道对方没有把自己的话当回事，想继续抬高价格。于是，郑老板很不客气地说道："我们已经从8%升到了10%，在与其他公司的合作中我们从来没有这样，你还要我们怎么样啊？不要再固执了，否则我们会找其他公司合作。"这最后一句话真戳到了对方的痛处，于是很快双方签订了协议。

郑老板的高明之处就在于了解对方的死穴——拿不到代理权，因此，在面对对方刁难的时候，郑老板"十分生气"地再次强调费用已经很高，并且用"否则我们会找其他公司合作"的筹码重重地砸了对方一下。对方看到目前这种局势，害怕郑老板真的要找其他公司合作，底气便有些不足。这时郑老板显示出不耐烦的神情，最后一次询问对方到底同意与否。纵观整个对话郑老板步步逼近，最终迫使对方做出最后决策。当然郑老板这么做也是以勇气为基础的，如果郑老板是一个没勇气的人，那么也不会说出"找其他公司合作"这一威胁性极强的话。

再说这样做也是个冒险行为，如果对方真的不让步而说"好吧，你去找其他公司合作吧"，那么这对郑老板一方来说也是个麻烦，这样至少会浪费时间。而浪费时间就是浪费生产力和效益。

不仅在商业场合，即便在日常生活中我们也难免碰到故意刁难我们的人。有些人话语辛辣尖锐，从他嘴里说出的话，要么像一盆盆的冰水，不顾你是否接受，硬朝你头上泼；要么像一个个大火盆，把你架在那里烤。**面对这样的人，你和他是丝毫没有道理可讲的，甚至他能讲出的道理比你的还多，这个时候，选择用讲道理的方式来抽身是不明智的，最快速的解决办法就是找出对方的弱点，直接"点"他的痛处。**

当然，有些时候，一些刁难并不来得那么猛烈，反而是相当温和的，但是又不给你留退路，这个时候，你也不一定要用多么激烈或是慷慨或是强有力的语气来表达你的回击。相反，你也可以温和地戳其痛处，给他用缓缓鼓起勇气的方式来个"温柔一刀"。

天气热了，李大爷在商场打折的时候买了一台新款空调，商场说是给免费送货安装。负责送货的是小刘和小韩，到了李大爷家，看见他一个独居的老人却买了一台如此贵的空调，再加上他家豪华的装修，就猜想到李大爷生活一定很富裕，便不由得乐了起来。

小韩一边安装空调一边问："大爷，您买这台空调给您打折没有？"

"没有啊，售货员说这是新款空调，不给打折。"李大爷耐心地解释说。

听到这话，原本知道这款空调不打折的小刘一脸诚恳地说："大爷，看来您这次真是亏大了！现在买空调都打折。这样吧，既然商场没给您打折，我们给您打个折，今天送货的安装费用只收您老200元好了。"

李大爷一听，知道这两个小伙子是想讹诈他，但又不好撕破脸皮争论什么，便应承道："好啊，你们这大热天给我送空调还少收钱，我真是过意不去，干脆中午在我家吃饭吧！"

安装完空调，小刘和小韩收了李大爷200元，又吃了饭，才腆着肚子离开。两个人刚要上车，却见李大爷也往车上爬。

小韩奇怪地问："大爷，您上车干吗？"李大爷说："跟你们回商场啊！你们不是说，买空调应该打折的吗？我想问问还能不能再打个折。"

小韩和小刘一听这话，吓得不轻。这送货安装是免费的，李大爷如果真去问，那收费的事就暴露了，自己的饭碗还能保得住吗？这么一想，两个人急了，小刘忙说："大爷，您就别去了，去了人家也不会给您打折的。"

李大爷却不依不饶，坚持要去商场问个明白，小刘一看这情形，赶忙掏出刚那收的200元，递上去说："大爷，您跑一趟多累呀，干脆这送货安装费我们也不收了，就算是商场给您的优惠！"

哪知李大爷却不接钱，认真地说："别，师傅，这是你们的工钱，我一定照付，但多收我的钱，我一定要讨回来。"

小韩和小刘这下更急了，赶忙又从钱包里各掏出100元钱，递上来说："大爷，这是中午的饭钱，也都给您了，这下总行了吧？"

说罢，把钞票往李大爷手里一塞，"嗖"地跳上车，一溜烟就不见了，"小兔崽子，跟我玩心计，我吃的盐比你们吃的米都多。"李大爷抿抿嘴，嘟囔出这么一句话。

李大爷的这个"温水煮青蛙"，着实把小刘和小韩的死穴"点"得不轻。**其实温水青煮蛙是一种勇气，也是一种深沉的勇气，更可以说是一种带有智慧的勇气，这也有点像印度甘地的"非暴力不合作"运动，但这绝不是软弱，只是一种柔和的勇气表达的方式。**确实是这样，当我们与对方交往或是商讨事情的时候，却被要求做一些不符合约定的事情，面对这样的人，我们要勇敢找出他最大的弱点，并直接或者间接攻击其要害，也就是"点"他的死穴。

在这个世界上，我们每个人都有自己的软肋或者是要受制于其他外物的地方，这些就是我们身上最柔弱的地方。

当遇到刁难的人时，用讲大道理的方法来抽身是不明智的，最快速的解决办法就是找出其最大的弱点或是软肋，鼓起勇气直接戳他的痛处，这是让他俯首称臣的关键穴位。也唯有这样，我们才能真正营造出良好的人际关系。

我们大家都不应该忘记"东郭先生和狼"的故事，面对狼的时候，一味退让、没有勇气的东郭先生的下场是悲惨的。其实生活中我们大多数人并不是特别好或者特别坏，但是你失去自我就会导致别人的失去自我，你一味软弱就会导致别人发生错觉，以为自己很厉害，进而不去思考太多的过分不过分的问题而在你身上得寸进尺，这样到了一定的时候就把和谐的人际关系葬送了。其实对方也并不是特别坏的人，但是你们却不来往了，那是因为你失去勇气进而失去自我了。要想打造黄金人脉，就马上鼓起勇气吧。

因此，鼓起勇气反击过分，不光是为自己好，在某种程度上说也是为他人好。

心灵悄悄话

有时候我们勇敢反击别人的过分行为是为了保护双方的合作关系或者友谊，当别人过分时我们委曲求全，这是一种失去自我的行为，而我们的失去自我会导致别人更加地失去自我，这样恶性循环下去到了一定程度或者一定时候，那么面临的就是关系的彻底破裂。

勇气——男儿何不带吴钩

宽容是一种勇气

平常生活中我们讲要宽容别人,什么是宽容?**宽容就是当别人犯错误的时候我们也不生气,给对方一个机会的同时也释怀自己。**宽容的人是有勇气的,这表现在两个方面:其一,宽容的人在宽容的那一刻证明他能战胜自己的情绪——当我们大多数人在受到侵害的时候非常生气,进而想报复,但当你选择宽容的那一刻,你的心情是平静的,你心静如水,充满祥和;其二,宽容的人在选择宽容的那一刻他有勇气放下自己的欲望,人之所以生气,之所以不宽容别人,是因为自己心里存在着欲望,而当你宽容别人的时候,证明你下定决心放下了自己的欲望,想和别人继续和平共处。

我们每个人心里都有欲望,这是我们生活和奋斗的动力之一,但这也是我们痛苦的根源之一。

当我们因别人的错误而利益受到损害的时候,就会陷入痛苦,但选择宽容的人,他在那一刻勇敢放下了自己的欲望而迎接了别人过多的欲望,这是一种勇气的表现。

宽容不是让我们没有欲望,而是让我们在别人因过多欲望而损害了我们一点利益的时候战胜自己的欲望。

生活离不开宽容,当每个人都不宽容的时候,这个世界将无法运转。不选择宽容,也就是不给别人知错就改的机会,这在某种程度上说我们也是一定程度的犯罪。如果人人都不选择宽容,也许世界上只有一种建筑存在,那就是监狱。宽容别人,不是懦弱的表现,也是需要勇气的，可以说是一种深沉的勇气。宽容的人往往也是自信的人，小肚鸡肠、自负狂妄的人是不会宽容别人的。

宽容是一种勇气，代表着一种对生活举重若轻的态度，代表着一种对利益风轻云淡的理念，代表着对人生、人性的一种洞察。只有勇敢的人才能做到宽容，他们勇于战胜自己的狭隘、贪恋和虚荣。宽容不是纵容，他们也勇于战胜自己的卑下。

纵观历史上成功勇敢之人，无一不是拥有宽广的胸襟、不计较前尘恩怨的。比如曹操之所以能雄霸中原，拥军百万，与他"山不厌高，水不厌深"的气度分不开；又如唐太宗李世民能开创"贞观之治"的丰功伟绩，与他爱民如子、宽以待人、礼贤下士的情怀分不开；再如东汉光武帝刘秀、明太祖朱元璋，都是靠宽容成就霸业的……无数的事实证明，那些心胸开阔的人，无论是做人还是做事都比别人更容易成功，他们心里的那种开阔之勇让他们拥有旺盛的人气。而那些心胸狭窄的人，即使满腹经纶、才高八斗或者力大无比、武艺超群，都只不过是历史上匆匆的过客而已。

雨果说："世界上最开阔的是陆地，比陆地还开阔的是海洋，比海洋还宽阔的是天空，比天空更开阔的是人的心胸。人的心胸能包容世间的一切，一个人的胸襟气度有多大，就决定了他日后的成就有多大。胸襟越开阔的人越勇敢，越勇敢的人胸襟越开阔。"

春秋战国时期的秦穆公是一个十分懂得宽以待人而赢取人心的国君。

有一次，他的一匹可以日行千里的良驹跑丢了，被一群不知情的穷人逮住，并杀掉吃了。

当地官员得知后大惊失色，生怕秦穆公气愤之余怪罪到自己头上，连忙将分食过马肉的穷人统统抓了起来，准备处死他们。

秦穆公听到禀报后却说："不能因为一头牲畜害死这么多人。"

于是，他将被拘禁的百姓全部释放，并且诚恳地向他们致歉，说自己管教不力，才差点让地方官闯下处死 300 人的大祸。

后来，晋国发兵大举入侵，秦穆公率领军队抵抗，这时有 300 名勇士主动请缨参战，原来，他们正是被秦穆公释放的那 300 人。

秦穆公勇敢地战胜了失去一匹良驹的心痛，释放了 300 名子民，最后，他也赢得了回报。历史上很多国君手下人往往稍不如意就大开杀戒，这就是一种懦弱的表现，不能战胜自己的私欲，拿别人出气。这样的人往往也得不到好报，残暴的君王一般都会被人民处死。

《圣经》上说，当年上帝发大水淹没不义之人时，曾预先告知义士挪亚，让他造好一只大船，全家避难于船上，并将所有动物按一公一母配齐，各带一对。当时"善"闻讯后也急急忙忙跑来找挪亚，要求登舟避难，挪亚说："我只能让公母各成一对地上船。"

"善"只好跑回树林，去寻找可以和自己成为一对的对象。结果，它最后找到的是"恶"，然后他们一起登上大船。

从此以后，有善的地方就有恶的存在，这正说明犹太人把恶看作很正常的事。

《塔木德》上有句名言："如果人类没有恶的冲动，应该不会造房子、娶妻子、生子、工作才对。"所以，犹太人认为：恶，只要加以疏导，就可以变为善举，这要比单纯压抑恶的冲动有效得多。有句犹太谚语"1 米高的墙胜过 100 米高的墙"，说的也是这个道理。因此，在日常工作、生活与交际中，既然对别人的过失防范不能进行疏导，我们何不做个顺水人情，战胜自己心中的"恶"而"得饶人处且饶人"，宽以待人，放人一马，展示我们的勇气，也许我们会更加幸福快乐。

宽容不是纵容，他们也勇于战胜自己的卑下。懦弱的人做不到宽容，他们往往在别人犯错的时候横加惩罚，得理不饶人，而自己犯错的时候又奴颜婢膝，点头哈腰。

心灵悄悄话

　　宽容是一种勇气，代表着一种对生活举重若轻的态度，代表着一种对利益风轻云淡的理念，代表着对人生、人性的一种洞察。只有勇敢的人才能做到宽容，他们勇于战胜自己的狭隘、贪恋和虚荣。

勇气——男儿何不带吴钩

要有勇气学会说 "NO"

　　在生活中，我们往往都有这样的体会，拒绝别人是一件不太好办的事情，有时明明心里想拒绝，但就是嘴上说不出口。的确，说"NO"是一件需要勇气的事情。但我们也得承认，有时候我们不得不拒绝别人，因为自己真的办不到。当我们心里觉得应该拒绝的时候，我们不要害怕承认自己能力有限，我们要勇敢说出"不"，这样才能保证我们生活得顺利，也才能保证我们人际交往得顺利。

　　其实有时候拒绝不但不会损害友谊，反而会获得别人的尊重，只要你真正觉得应该拒绝，站在理智科学的基础上有充足的理由，那就要勇敢说出"NO"，这样，也往往会获得别人的理解。**生活中蛮不讲理的人其实是不多的，只要你有理由，勇敢说出真相，人们不会不愿和你来往，相反会觉得你真实可信。**成功的人都是那些敢于说真话的人，他们善于接受，也敢于拒绝，他们总是做一个真实的自己，他们活得坦荡无悔。

　　然而，生活中也有为数不少的人遇到过不敢说"NO"的麻烦，为取悦别人委曲求全。这是一种非常不好的心理，希望别人喜欢自己的强烈愿望远远超过了自己的需要和欲求。一口应下的事情万一做得不好，或者根本就达不到的预期效果，对方可能会怒气冲冲，不管三七二十一，统统怪罪于你。你呢，哑巴吃黄连，惶恐不安，负疚自责，难过得要命。这都是没有勇气说"NO"所致。

　　心理学家曾做过一项调查，发现从自身的角度考虑而做出某种决定的人，对生活的满意度比那些仅仅为取悦别人而做出决定的人高出

3倍。心里说"不"，嘴上却说"是，是"，对自己的心理健康极为不利。因此，为了健康，我们也应该鼓起勇气在该说"NO"时就说"NO"。

汤姆在旅游时接到一个朋友的电话，说另一个认识的朋友的孩子也在国外，希望他们能够在闲暇时多联系，互相照顾。但汤姆不加思索就回复朋友："你这份热心真让我感动，但我并不想认识他。因为这是澳洲不是国内，每个人靠的是自己的努力，我有自己志同道合的朋友，最怕和陌生人没话找话说。所以，你要告诉那孩子，无论在哪里都要自强自立，无论受谁的照顾，最后都要靠自己努力。"

汤姆很明确地拒绝了朋友，但他说出了自己的理由，不会让他太难堪。这样的拒绝，可以说是很坚决，但也很诚实。

是的，拒绝不等于无情无义，也不是一意孤行，而是一种人格与个性的完美结合。**懂得拒绝的人是有勇气的人，真正会拒绝的人也往往是真诚的人，他们对朋友付出了自己的一颗心，他们也能够做别人真正的朋友。**

他们能找准自己的定位，明白自己的能力，知道自己的短处，因而往往对朋友很有价值。懂得拒绝别人的人往往也是信守承诺的人，他们在该拒绝时勇敢拒绝，而承诺的事情也会信守诺言。

要想处理好人际关系，我们一定要警惕不做生活中的"老好人"，实际上"老好人"最后并不能得到别人真正的尊重。

袁林在一家营销策划公司工作，因为文笔不错，有时会给一些财经杂志写写稿子。

他的一位同事知道了他的情况，就经常对他说："老袁，你靠稿费挣了不少钱，你得请我一次吧。"实际上袁林和大多数公司员工一样，也是靠每个月从公司领取的固定工资度日，钱包并不总是鼓鼓的。

不过，袁林觉得请一两次同事无所谓，于是就请那位同事喝酒，结果从那之后每次和这位同事喝酒都是由袁林来付账，而且对方认为袁林掏钱是理所当然的，连句"多谢款待"的话都没有。

类似袁林的际遇是否也经常发生在我们身上呢？

比如，你因为不忍心看着公司新人加班而好心帮忙，结果之后帮他加班就成了常事；听到某邻居因为要熨烫衣服在找熨斗，于是你主动大方地把自己家的熨斗借给他用，没想到后来，邻居一有衣服要熨烫就管自己借，俨然是她家的东西。这些都是没有勇气不知道适当拒绝而致。

大家都有过送过礼物的经历，在送礼中下面的情形估计你也碰到过：最初的一两次对方还会高兴地说："哇，太好了，谢谢你。"但是，随着收到礼物次数的增多，对方可能连句道谢的话都不说了。

那么，对方没有了感激之情，干脆就不要送礼物了吧，可是结果又会如何呢？如果以前总是能收到礼物，而这次却没有了，对方通常会表现得特别不高兴。

这时你不禁会抱怨，早知如此，还不如一开始就不送礼物呢！

其实，这些都与我们缺乏勇气不懂得适当拒绝有关。一般来说，许多人都存在着欺软怕硬的心理。自己表现大方，过于友善，有时会被人误认为是软弱、好欺负，于是相当一部分人就利用这点有意地想要得寸进尺。

的确，待人热情大方，不会拒绝别人会让你在交际中容易受到大家的欢迎，特别是在最初的阶段。但是，如果你总是习惯性地接受他人的任何请求，常常扮演着一种"老好人"的角色，那渐渐地就会让自己身心疲惫，早晚有一天会出问题的。我们周围很多人就是因为脾气好，在公司总是喜欢替别人办杂事，结果对工作产生了厌倦感，患上了上班恐惧症。

美国爱荷华大学的心理学家杰里萨鲁斯博士团队，对 35～55 岁的健康人士做过一项实验，让参加实验者记录下自己什么时候心情会变坏，并对记录结果进行分析。

结果表明，越是在心理测试中被判定为"脾气好"的人，在与同事、朋友、邻居、配偶等交往中越是容易感觉到不满与压力。

脾气好反而会导致他们在处理人际关系时心力交瘁。"老好人"有时候的确是缺乏勇气的，他们一味地帮助别人，压抑自己，这样其实并不太好。

生活中我们能帮别人的忙固然是好，但不能帮也就勇敢说"NO"，如果总是不拒绝而帮别人的忙，那我们的忙很多时候就显得没有价值或价值微乎其微。甚至这样会导致对方得寸进尺，认为你帮忙是理所当然的，感激之情也会淡薄。为了避免出现这种情况，最好灵活一些，我们可以偶尔鼓起勇气拒绝他人。

如果你在四五次的要求中拒绝了对方一次，他就会产生不安的心理：

"咦，平时总是痛快答应，为什么这次不行？"

"为什么今天态度这么强硬？有什么事情发生了吗？"

如此一来，对方不知道你在什么情况下会拒绝，因此，难以把握你的本意，之后和你交往的时候也会多加注意，就不会随便占你的便宜了。这可以说是我们的勇气带给我们的好处。

"真的不想答应，但是不好意思拒绝，只能委屈自己一下了。"

"虽然很不愿意，但是只要我帮他做这份表格，这个问题就能解决吧。"

"既然已经说好了，那就这样了。"

绝对不可以有这样的想法，这是一种缺乏勇气的表现，在人际交往中是很危险的。这样你不但不会打造出黄金人脉，反而有可能深陷麻烦之中。就像马基雅维利在《君主论》中谈道："事实上没有必要具备我在上面列举的全部品质……你要显得慈悲为怀、笃守信义、合乎人道、清廉正直、虔敬信仰，并且还要这样去做。你要有思想准备做好安排：当你需要改弦易辙的时候，你要能够并且懂得怎样做一百八十度的转变。"

王娟娟在一家日用品公司上班，从事的是市场推广工作，做市场部专员已有两年的时间了，她觉得自己应该找个机会赶紧升职了。

今年年初竞聘市场经理一职时，她的同事何文是自己有力的竞争者。

论功劳，自己在过去的一年里，策划组织过三次大型活动，反响都非常不错。但是王娟娟为人谦和大方，而何文又比自己先进公司一个月，于是王娟娟就将这个机会让给了她。不料何文升职后，不但没有领她的人情，还在工作上经常无端地挑剔自己。

今年年中，公司秘书室主任离职，这一职位空缺。当她得知公司内定的人是她的同事林夕的时候，她想自己并不比林夕差，甚至比她更有优势。

这次，王娟娟决定不能再谦让了，要鼓起勇气主动去争取。于是她加班加点，弄了个文案，交给了总经理。总经理翻看着她的文案，对她流畅成熟的文字发出一声声赞叹。考虑之后，决定让王娟娟替代那个长得漂亮但文笔平平的林夕做了秘书室主任。

从这里我们可以看出，做人就要该出手拒绝的时候就要拒绝，拒绝谦让，对别人说"NO"，这样更能凸显自己的价值。**生活中我们不懂得拒绝别人是一种还不成熟的表现，也是一种没有勇气的表现。**拒绝的作用就相当于黑夜，可以让人得到充分的休息，如果你的人际交往中总是白天，总是艳阳高照，那么总有一天你会被累死。这个世界上万事万物都是相对的，都需要和谐，我们要助人为乐，也要该拒绝时勇敢拒绝，这样我们才能享受到生活的乐趣。

最后，从达尔文的进化论来看，"物竞天择，适者生存"。适者，当然是指那些适应下来的强者，在日常生活中，不乏畏惧强者、欺凌弱者之徒。欺软怕硬更是一些小人的惯常行径。所以，我们在必要时也要拿起"不"这个武器，维护自己的利益。否则我们就湮没在人际交往的大潮中。

心灵悄悄话

说"NO"是一件需要勇气的事情。但我们也得承认，有时候我们不得不拒绝别人，因为自己真的办不到。当我们心里觉得应该拒绝的时候，我们不要害怕承认自己能力有限，我们要勇敢说出"NO"，这样才能保证我们生活得顺利，也才能保证我们人际交注得顺利。

勇气——男儿何不带吴钩

向对手微笑的勇气

一般来说，当我们面对自己的竞争对手的时候，是会产生对抗至少是抵触情绪的。大多数人都会产生或多或少的抵触情绪，因为"生存竞争"，面对和自己抢某一件东西的人的时候，我们心里难免别扭。比如，在考场上、在比赛场上，尤其是在面试场上，我们心里更是会胆怯加抵触，因为这意味着别人成功我们就失败，别人高升我们就下降。

然而，作为一个勇敢的人，我们要做到对竞争对手微笑，当对竞争对手发自真心地微笑的时候，我们的胆识和境界也就提升了一个层次。能够做到对竞争对手微笑的人，他不光认识到了人生充满挑战的必要性，也能做到心胸开阔。

对竞争对手发自真心的微笑，给予祝福，是一种高层的勇敢。这样的人很有魅力，也往往是成功者。因为他们有优势的心态，有宽阔的胸怀，有良好的教养。对竞争对手给予微笑的祝福，是人性的一种升华，是真正勇敢的一种浓缩。这样的勇敢不会让人感到咄咄逼人，而会让人产生发自心底的尊敬。如果对竞争对手微笑，输的人输得坦然，赢的人赢得可敬。也许，当我们拿出生命的勇气对竞争对手微笑的时候，输赢已经不是那么重要了。

这个春天的气候很反常，暖暖的阳光已经让柳芽儿探出了头，却又突然变了天，北风呼啸而过，居然卷起几片雪花来，偌大的校园内一下子又有了肃杀的冬意。

在学院外事部会客室外面的长廊上，面对面地站着两个女孩，静静地等候着命运的裁决——她们中间将有一个通过今天的面试，留在这座城市人人都可以脱口而出的那家外国公司工作，她们是通过最残酷的竞争，淘汰了近一百名对手才站到这儿的。越到最后越艰苦，最后决定命运的你死我活的一仗，马上就要打响了，两名选手较着心劲儿，脸上却都不见斗志——她们都太累了。

长发披肩，清秀而斯文的女孩叫媚，她有意回避着对手的目光，低头瞧着自己的鞋尖出神。穿着火红外套的洁，也没有了在考场上那种逼人的朝气，她那双大而有神的眼睛，漫无目的地朝窗外的柳梢扫来扫去。命运对这两个人是公平的，每人都有一半成功的希望，两个女孩也显然意识到了这一点，谁都搞不清究竟谁的实力更强。这几日来，三次口试，以及英语和专业笔试，几乎所有的成绩都一样，这就难怪，公司的总经理要亲自跑到学院来面试她俩了。

两个女孩都觉得该找些话来打破这无言的尴尬，可是面对面又说什么呢？

媚先开了口："我听很多人说起过你，他们说——你很优秀！"

又是无言。

一阵寒风拼命地挤进走廊的门隙，媚禁不住打了一个寒战，她捂着嘴弯下了腰，闷声咳起来，咳嗽得喘不过气来。

"怎么，感冒了？"洁走过去，一边轻轻地为她捶背，一边关切地问。

"谢谢你。"媚抬起头来，强压住自己的咳嗽，"可能是这几日太累的缘故！"

洁伸手摸摸媚的单薄的衬衫，不经意地说："不就是一次面试吗？你可别只要风度不要温度！"话一出口，两个人都觉得该笑，可都只动了动嘴角。

又是沉默，但是她们都感觉轻松了一些。洁竖起衣领无话找话："这该死的天，人冷得像香芋冰激凌！"

勇气——男儿何不带吴钩

"什么？香芋冰激凌！"媚的眼睛一下子亮了起来，瞪得大大的。

"新大陆出的呀，可香了，吃一口想两口，凉丝丝的那个味哟，真是'晶晶亮，透心凉，我要香芋，备感愉快，欢乐口中唱'啊，香芋冰激凌，味道好极了……"洁学着广告里的样子，又比又画。

媚笑得弯了腰："哎呀，你真能'贫'，真能！"说着，连咳了几声。

这时，总经理秘书出来了，这是个身材修长、不苟言笑的小姐，她招呼媚先进去。

媚双肩一抖，怯怯地抬起了头，她看了一眼洁，迟疑地往里走。

"媚！等等！但……别回头"洁叫住她，"你的左边袖子上蹭了一块墙上的白灰，快拍拍祝你好运！"

媚真的没有转身，听话地拍着衣袖上的白灰。顿了顿，媚说："好啦，不就是一次面试吗？待会儿，我们比赛吃香芋冰激凌！"说完，坚定地走进了屋子。

"OK！"洁大声说，"祝你成功！"

屋外，纷纷扬扬地飘起了春雪。

这是一个让人感动的故事，文中的两个女孩都是优秀的，也许她们只有一个人能留在那家公司工作，但这是不重要的，重要的是勇敢善良的人在哪儿都会有好的结果。

生活中我们好多人在面对竞争对手的时候，心里很难做到不怨恨、不抵触，有些甚至希望对手病倒乃至使什么坏心眼等。**竞争是生活的必然，但我们要尽力戒除人性中恶的因素，其实人性中的恶不光会害了别人，也会害了我们自己。**心生歹念、没勇气真正坦然面对生活的优胜劣汰的人其实过得很痛苦。伤害一个人其实并不比帮助一个人少费多少心血与力气、诅咒一个人也并不比祝福一个人少费心思、对一个人横眉冷对也并不比对一个人微笑让我们更舒服，那么我们为何不拿出勇气去做一些积极的事情呢？

其实，只要你心里充满勇气，生活中的阳光就会照进你的生活。其实文中的两个女孩谁留在公司工作是不重要的，重要的是文中的两个女孩会成为好朋友，而这次面试也会成为她们美好的回忆，这个面试结果也仅仅是一个工作的去留的问题，不是她们之间的你死我活，她们都是有勇气的人，她们发挥出了人性中美好的一面，给彼此的心里照进了美好的阳光，也给所有知道这个故事的人的心里照进了美好的阳光！

心灵悄悄话

作为一个勇敢的人，我们要做到对竞争对手微笑，当对竞争对手发自真心地微笑的时候，我们的胆识和境界也就提升了一个层次。能够做到对竞争对手微笑的人，他不光认识到了人生充满挑战的必要性，也能做到心胸开阔。

勇气——男儿何不带吴钩

困难中彰显君子风范

当人身处逆境时，各方面对你都是一种考验。如果怨天尤人、抱怨声声，结果只能是自我孤立。相反，大度待人，高风亮节，自然能够赢得别人的尊重。

逆境的光顾，有自己的责任，也有别人的原因，就自己而言，一时失误大意会造成逆境降临。就别人而言，在无意间造成了你生活的逆转，也不能否认有意暗算、故意压制、蓄意陷害的事实。对前者我们较容易付诸包容之心，对于后者你也应以德报怨，显示出君子风范。

做大事业的人，不能因为一点小事而耿耿于怀，要努力团结一切可以团结的力量。

美国成人教育专家戴尔·卡耐基在处理人际关系上可以说是驾轻就熟。然而早年时，他也曾犯过小错误。有一天晚上，卡耐基参加一个宴会。宴席中，坐在他右边的一位先生讲了一段幽默故事，并引用了一句话，意思是"谋事在人，成事在天"。那位健谈的先生还指出他所引用的那句话出自《圣经》。当时，卡耐基发现他说错了，并且很肯定地知道这句话出自莎士比亚之口。

为了表现优越感，卡耐基很认真地纠正那位先生的错误。那位先生立刻反唇相讥："什么？出自莎士比亚？不可能！绝对不可能！"那位先生一时下不来台，不禁有些恼怒。

当时卡耐基的老朋友法兰克·葛孟坐在他左边。葛孟研究莎士比亚的著作已有多年，于是卡耐基就向他求证。葛孟在桌下踢了卡耐基一脚，然后说："戴尔，你错了，这位先生是对的。那句话是出自《圣经》。"

那晚回家的路上，卡耐基对葛孟说："法兰克，你明明知道那句话出自莎士比亚。"葛孟回答道："是的，当然。那句话出自《哈姆雷特》第五幕第二场。可是亲爱的戴尔，我们是宴会上的客人，为什么要证明他错了，那样会使他喜欢你吗？他并没有征求你的意见。为什么不给他留些面子呢？"

是啊！一些无关紧要的小错误，如果放过去，无伤大局，就没有必要去纠正它。这不仅是为自己避免不必要的烦恼和人事纠纷，而且也顾及到了别人的名誉，不致给别人带来无谓的烦恼。这样做，并非只是明哲保身，更体现了你做人的度量。

一个炎热的下午，一位顾客不小心在海滨的一家私营饭店门前摔了一跤。酷暑盛夏，本来就热得心烦意乱，加上跌倒在地，丢人现眼，这位顾客便怒气冲冲地闯进饭店老板的办公室，指着老板的鼻子，出言不逊地说："你的地板太滑、太危险，刚才我出去买香烟，在门口滑倒，摔伤了腰，你必须马上送我到医院进行检查治疗！"边说边用手扶着腰部："哎哟！痛死我了……"

老板笑脸相迎。"哎呀，实在抱歉，腰伤得厉害吗？请您先稍坐一下，我马上就和医院联系，叫辆的士把你送去。"

正好一辆的士送客来住宿，老板叫司机稍候，说有人要到医院里去。老板拿着一双拖鞋，对顾客说："我已经和医院联系好了，现在就送您去，外面有辆出租车。"

当那位顾客离开办公室时，老板把他换下来的鞋交给伙计并说："顾客穿的鞋，鞋底都磨光了，你马上把它送到外面的修鞋处订上橡胶后快点取回。"

勇气——男儿何不带吴钩

在医院就诊检查后，顾客回来了。结果是，腰部没有任何异常情况。老板拿着医院检查报告单对那位顾客说："没有发现什么异常情况，真是万幸。请回饭店休息休息，喝杯冷饮解解暑吧。"

那位顾客见老板如此宽宏大度，对自己的做法感到有点内疚，并解释说："地板刚冲过水很滑，实在危险，我只是想提醒你注意一下，别无他意。这次摔倒的是我，要是摔倒了上年纪的人恐怕麻烦就大了。"

这时，老板拿来已修好的鞋子说："请不要见怪，我们冒昧地请人修了你的鞋子。据鞋匠说，鞋底都磨平了，若是穿着它在楼梯上滑倒，就太危险了！"

那位顾客面带愧色地接过修好的鞋子，不好意思地说："给你们添麻烦了，实在感谢，多少修理费？我按数付钱，不能让你掏腰包。"

"哪里的话，这是对您表示歉意，你若要付钱，就太见外了。"那位顾客被老板的宽容所感动。他紧紧握住老板的手说："请原谅我的粗鲁和无礼，真是对不起！"

老板的大度赢得了顾客的信赖，从此以后，那位顾客经常与人谈起这件事，他和他所影响的一批人成了这家饭店的常客，老板也与他结为莫逆之交。

一个推销员来到一家超市推销他们公司的香皂。超市老板正忙着指挥职员们上货，于是便不耐烦地挥挥手说道："没看见我忙着吗？再说我这里货很多，以后再说吧！"

推销员仍然不死心，继续鼓动着如簧之舌，打算说服那个老板。

那个老板显然是被惹火了，破口大骂道："还有完吗你？刚才是给你面子，不想让你难堪，可你这个家伙却不知好歹！赶紧带着你的东西立刻滚蛋！"

这个推销员一边收拾自己的箱子，一边心平气和地对老板说："十分抱歉，我刚做业务不久，不懂的地方很多，希望您不吝赐教……对啦！

要是我想把这香皂向其他地方推销的话，我该怎么说呢？"

老板的态度有所好转，见其诚恳，便对他演示了一番。只见老板把这香皂的好处说了一大串，推销员由衷地赞道："没想到您对我们公司的产品这么了解，所说的话也这么有说服力……"推销员的话让老板很满足，最后，竟订下了大批香皂。

后来，这个推销员成为一个企业家。

生活是大海，可以由你自由徜徉。生活是一本书，蕴涵着无尽的知识；生活是一条路，拥有着无数。乐观是一种心态。而生活中的各种不满足，不如意，诚然，有许多事说说容易，但真正做到却很难。我们也并非要刻意去经历一些无畏的磨难来锤炼自己的意志，考验自己的信心。只是当遇到困难时，要能够正确面对。

🦋 心灵悄悄话

人生的进退，生活的好坏，有时取决于我们的心态，努力是一种结局，放弃也是一种结局。只是不同的心境，有着不同的结果，你笑天是蓝的，你哭天是阴的。学会生活，需要一个好的心态，走好人生，需要一个好的心境。

勇气——男儿何不带吴钩

第七篇　勇气让斗志永不休止

很多时候,一个人最大的"瓶颈"不是开头困难重重,而是小富即安。很多人在追求某件东西的时候,纵使前面有太多的艰难险阻也抵挡不了他们,也许困难越多越能激发他们奋斗的雄心。

对于每一个有志于成功和幸福的人来说,都一定要充分认识到生于忧患、死于安乐的真理性,不要惧怕人生中的磨难,不要丧失奋斗的勇气。

每个想要成功的人物,如果没有些"老骥伏枥,志在千里;烈士暮年,壮心不已"的豪迈勇敢之气,那么他成功起来将很难。成功是一项长期的漫漫跋涉,不打算为它流尽最后一滴汗,那只能永远看着成功的金袖子在风中飘荡。

积极进取制订远大目标

在面对成功的高峰的时候，需要我们拥有持续的勇气，不进取就会被淘汰。在生活中，无论我们从事什么行业，无论我们有什么样的技能，我们都应该试试保持进攻的勇气，争取在这一领域处于优先的地位。**永葆进取心，追求卓越永远是人类进步的北极星**。进取的勇气不仅促使每一个努力完善自己的人在未来不断地创造奇迹，而且还造就了成大事者和成功人士。

在生活中，当我们被不可动摇的进取心所驱使时，我们就会分享到它不断向前所带来的力量。那么，我们为什么没有看到山顶上众多的攀登者与山脚下的未参与者之间的不同呢？我们可以考察不同类型的成功者，他们的追求分别以不同的形式表现出来。在他们的生活中，他们具有不同层次的成大事者观和快乐观，有的喜欢这样的成大事者，有的喜欢那样的成大事者。这如同他们对不同的欢乐的态度一样。其实我们在日常生活中已经遇到了这些人，他们是那样容易被发现，可以说，存在于我们整个人生的旅途中。他们就在我们的周围，在我们的人际关系里。

在面对成功的考验的时候，有大量的人选择放弃、逃避、退却。他们忽视、掩盖并且抛弃"往上爬"。他们已然丧失了追求的勇气，在失去勇气的同时他们也失去了生命向他们提供的许多东西，他们都是放弃进取心的人。**放弃者的典型特征就是放弃攀登，他们的勇气的丧失也为他们丧失了山峰为他们提供的机会**。比如，半途而废者，他们由于不想继续攀登甚至害怕了攀登，所以就结束了"往上爬"的进取心，并为自己寻找了一个舒适的、让自己得意的高处。半途而废者的"往上爬"是不完整的，更是不彻底的，这也是一种勇气的丧失，会酿成悲剧。

　　法捷耶夫 29 岁时就名震苏联文坛，并以《青年近卫军》一书，坐上了原苏联作协主席的交椅。然而，在他后来的岁月里，他都忙着出访、开会、作报告去了，一生中再也没有写出一部作品。这对一个作家来说是损失惨重的事。

　　杰克·伦敦也是一个典型，他写出了《马丁·伊登》后，声名鹊起，财源滚滚，不仅在美国加利福尼亚州建起了别墅，而且在大西洋海滨购置了豪华游艇。然而功成名就之后，他就一度沉浸在享受之中，不思进取，长期脱离创作，厌倦、空虚、落寞和无聊也接踵而至，最后导致他精神失常。1916 年，他在自己的大别墅里开枪自杀，结束了自己的生命。

　　《中国教育报》曾在同一版面刊登如下两则新闻：一则是上海交大取消两名本科生"直升"研究生的资格；另一则是南航学生郑穗江成绩优异，提前免试攻读硕士学位。

　　为什么会有这样两种截然相反的结局？主要是因为郑穗江同学不断进取，在被确定为免试攻读硕士学位后，还设计了相当于三四个毕业设计的研究课题；而上海交大那两名本科生，10 月被批准作为优秀毕业生，免试直接攻读硕士学位后，就认为自己的未来有了保障，于是丧失了进取心，结果期末考试均有两门课不及格。

　　而只有不断进步的勇气才会促使我们改变现状，只有不满足的激情才会鼓励我们去追求完美，这也是人类进步的奥秘。生活中最令人泄气的事情莫过于看到这样的情形：一些雄心勃勃的人满怀希望地出发，却在半路上停了下来，满足于现有的温饱状态，然后庸庸碌碌地度过余生。对于一个满足于现状的人来说，他没有任何更好的想法，更美的愿望，他不知道是不满足造就了杰出的人士。丧失勇气让他们"泯然众人矣"。

突破现状，不断进取是事业成功的必备条件，也是时代的必然要求。美国公司的主管在录用新职员时都说："你要不断进取、发挥才能，否则你将被淘汰。"竞争激烈的现代社会对职员的要求就是这样。生活和工作中如果你不好好利用机会向上爬，你一定会抱怨运气不佳。而且，你往往还会感到奇怪，为什么张三或李四这样的人升迁这么快。记住，如果我们有足够的上进勇气，就一定能成为成大事者。而如果没有这样的进取心，那么我们很快就会堕落了。历史上这样的例子也屡见不鲜。

洪秀全出生于清朝末期，由于政治腐败，洪秀全在科考场上屡屡失意，之后他发动了太平天国农民起义。1851 年 11 月 1 日他在金田举起旗帜起义，继而挥师出桂、攻长沙，破武昌，下九江；1853 年 3 月 29 日攻进南京城，定都为天京，这其中不过一年半的时间。这时的洪秀全是一个典型的进取者、成功者。其军事胜利史极其辉煌，进取气势也可谓锐不可当。

可是，到了南京后，洪秀全渐渐地变了，他心中只有一座天京皇城，不再有明确的进取心了。在生活上日益腐化，大兴土木建宫殿，年年生日都挑选美女入宫，供他享受。在军政上，正确的决策不多，并且压制明智与锐意进取的部下。甚至在一次朝会上，在石达开恳请"天王不要耽于半壁江山"时，洪秀全竟然回答："贤弟，我们能有这半壁江山，难道还不满足吗？"

这样，洪秀全安于享乐、不思进取，既不能团结诸王，同心同德开创大业，又无远大的目标，致命地打击清王朝。于是，兵败身亡，太平天国灭亡的悲剧也就不可避免了。

进取的勇气对于人生事业，不仅在于创造未来，也因为有了未

来，过去与现在的成功才能得到真正的保护！

那些将自己整个生命都献给"往上爬"的人才是真正有勇气的人，无论背景如何、优势或劣势、好运或坏运，他们都会永葆进取心。攀登者是可能性的思想家，他们从不去顾及年龄、性别、种族、身体或精神的残疾，以及"往上爬"中可能遇到的其他困难。他们的宗旨就是不断进取，因为他们拥有内在的驱动力，并且能够激活那种力量。

联系实际来说，无论你在什么行业，无论你有什么样的技能，你都应该争取在这一领域处于领先的位置。永葆进取心、追求卓越永远是人们最可贵的品质之一。

当巴西著名球星贝利在足坛上初露锋芒，记者在采访时问他："你哪一个球踢得最好？"他回答说："下一个！"而当他在足坛上大红大紫，成为世界著名球王，踢进了 1000 个球以后，记者又问他同样的问题时，他仍然回答："下一个！"在事业上大凡有所建树的人都同贝利一样有着永不满足、不断进取的精神。

人生的价值在于不断进取，在这方面无数成功者为我们树立了光辉的典范。马克思曾说过："任何时候我也不会满足，越是多读书，就越深刻地感到不满足，就越感到自己知识贫乏。科学是奥妙无穷的。"

你想取得成功吗？答案是肯定的，那么，没有什么比你的进取心更重要的了，这种态度包括你对自己的评价和你对未来的期望。你必须高屋建瓴地看待自己，否则，你就永远只是一个小职员。你必须幻想自己能够拥有更高的职位，以督促自己努力得到它，否则，你永远也得不到。如果你的态度是消极的，那么，与之对应的就是平庸的人生。不要怀疑自己有实现目标的能力，否则，就会削弱自己的决心。只要你在憧憬着未来，就有一种动力驱使你勇往直前。

爱因斯坦说："我对于那些刚刚走上社会的年轻人的建议是，开始时就要有坚定的进取心和明确的目标，除非业已实现，否则绝不要轻易放弃。"

当缺乏内在动力的时候，我们就不会自觉地做任何事情。一个人的成长在很大程度上都依赖于对未来目标的追求所带来的激励，可以说，人的每一次行动都需要一定的激励。而对一个普通人来说，生命中最大的推动力往往取决于他们为了实现目标而带来的持续的不断进取的勇气。

进取心这种内在的推动力是我们生命中最神奇和最有趣的东西。所有来自社会底层的成大事者都有着相似的经历，他们在自己前进的道路上都受到内心力量的牵引，几乎无法抗拒，这就是进取心所带来的力量。

对于北极的幻想使探险家罗伯特·皮里树立了征服地球极点的目标；进取心的力量将亚拉伯罕·林肯从小木屋推向了白宫；同样，坚定的进取心使得年轻的本杰明·迪斯累利从英国的下层社会奋斗到上层社会，直到最后成为一个世界大国的首相，这一成就的取得当然来源于坚定的进取心和明确的目标。

进取心存在于每个人身上，就像自我保护的本能一样明显。在这种求胜的本能的驱使下，我们走进了人生的赛场。最后请您牢记：进取的力量在于，它能使你从面临被淘汰命运的弱者变成勇敢的强者！

不少人认为天才或成功是先天注定的。但是，世上被称为天才的人，肯定比实际上成就天才事业的人要多得多。为什么？**许多人一事无成，就是因为他们缺少雄心勃勃、排除万难、迈向成功的动力，不敢为自己制订一个高远的奋斗目标。**不管一个人有多么超群的能力，如果缺少一个认定的高远目标，他将一事无成。制订一个高目标，就等于达到了目标的一部分。

美国伯利恒钢铁公司的建立者齐瓦勃出生在美国乡村，只受过很短的学校教育。尽管如此，齐瓦勃却雄心勃勃，无时无刻不在寻找着发展的机遇。他相信，自己一定能做成大事。

18岁那年，齐瓦勃来到钢铁大王卡内基所属的一个建筑工地打工。一踏进建筑工地，齐瓦勃就抱定了要做同事中最优秀的人的决心。

一天晚上，同伴们都在闲聊，唯独齐瓦勃躲在角落里看书。这恰巧被到工地检查工作的公司经理看到了，问道："你学那些东西干什么?"齐瓦勃说："我想我们公司并不缺少打工者，缺少的是既有工作经验、又有专业知识的技术人员或管理者，不是吗?"有些人讽刺挖苦齐瓦勃，他回答说："我不光是在为老板打工，更不单纯为了赚钱，我是在为自己的梦想打工，为自己的远大前途打工。"抱着这样的信念，齐瓦勃一步步向上，升到了总工程师、总经理，最后被卡内基任命为了钢铁公司的董事长。最后，齐瓦勃终于自己建立了大型的伯利恒钢铁公司，并创下了非凡业绩。凭着自己对成功的长久梦想和实践，齐瓦勃完成了从一个打工者到创业者的飞跃。

开始时心中就怀有一个高的目标，意味着从一开始你就知道自己的目的地在哪里，以及自己现在在哪里。朝着自己的目标前进，至少可以肯定，你迈出的每一步都是方向正确的。一开始时心中就怀有最终目标会让你逐渐形成一种良好的工作方法，养成一种理性的判断法则和工作习惯。如果一开始心中就怀有最终目标，就会呈现出与众不同的眼界。**有了一个高的奋斗目标，你的人生也就成功了一半。**如果思想苍白、格调低下，生活质量也就趋于低劣；反之，生活则多姿多彩，尽享人生乐趣。

"没有好的眼睛看不清楚，没有远见成不了大事。"一位哲人曾这样说，成大事者往往是那些有远见的人。

没有远见的人只看得到眼前的、摸得着的、手边的东西，而有远见的人心中装着整个世界。远见与人的职业、身份、地位无关。世界

上最穷的人并非是身无分文者，而是没有远见的人。

远见能预见你的未来。缺乏远见的人可能会被等待着他们的未来弄得目瞪口呆。措手不及的变化常常让他们不知该如何对待变故。人生中充满了机会，但缺乏远见的人往往不能抓住这些机会。

要把自己的远见变为现实，需要我们付出努力，制订一套实现远大目标的战略，以下是一些指导原则。制订远大目标的指导原则：

1. 确定你的远见

如果你想成功，就必须确定你的人生的远见。你的远见不能由别人给你，如果那不是你自己的远见，你就不会有实现它的冲动和决心。这远见必须以你的才能、梦想、希望与激情为基础。远见是了不起的东西，它还会对别人产生积极的影响，特别是当一个人的远见与他生活的目的不谋而合时。

2. 考察一下你现实的生活

将你自己的远见变成现实不是一蹴而就的事，这是一个过程，跟一次旅行十分相似。在你决定出去旅行之后，首先要做的事情之一，就是决定出发点，没有这个出发点，就不可能规划旅行路线和目的地。

考察现实生活的另一目的是规划行程估计自己的"费用"。通常来说，你离自己的远见越远，所花的时间就越多，代价就越大，实现自己的远见是要付出牺牲。

3. 为大远见放弃小选择

所有梦想都是有代价的。为了实现你的远见，就要做出牺牲，其中一个涉及你其他的选择，你就必须有所取舍。你不可能一面追求你的梦想，一面保留着你其他的种种选择。

这种情形很像一个人来到了岔路口，面临着几条不同的道路。他可以选择其中的一条到达目的地，也可以一条也不选，但这样的话他永远也不可能到达目的地。

4. 寻找实现理想的可能途径

为了实现理想，你必须不停地寻找一切对你有帮助的人和物。要乐于尝试新事物，到处寻找好主意，要善于观察。在其他领域或其他人那里有效果的好主意，在你这里也可能有用。全神贯注于你自己的理想，但对哪条路才能实现理想，则应抱灵活的态度。实现理想要有创造精神。如果我们对新观念关上大门，就不可能有创新。

远见给人创造性的火花，使人可能取得成就。成功人士都是这样取得成功的。奥运金牌得主不能只靠运动技术，还要靠远见的巨大推动力，而商界巨子也一样。远见就是推动人们前进的梦想，随着这梦想的实现，你会明白成功的要素是什么。没有远见，人生就没有瞄准和射击的目标，就没有更崇高的使命能给你目的与希望。当你有远大理想时，你才会创造出伟大的成就。

心灵悄悄话

进取心存在于每个人身上，就像自我保护的本能一样明显。在这种求胜的本能的驱使下，我们走进了人生的赛场。最后请您牢记：进取的力量在于，它能使你从面临被淘汰命运的弱者变成勇敢的强者！

勇气——男儿何不带吴钩

勇气殁于小富即安

很多时候，一个人最大的"瓶颈"不是开头困难重重，而是小富即安。很多人在追求某件东西的时候，纵使前面有太多的艰难险阻也抵挡不了他们，也许困难越多越能激发他们奋斗的雄心。在万事开头难的岁月里，他们咬紧牙关、激发潜能，在成功的大道上勇往直前着。然而，当有一天他们取得某些成就后，蓦然回首，发现自己一路走得很辛苦，而现在也有条件休息休息了，于是就懈怠了下来，犹如一个皮球被放了气一样，这就是小富即安。在小富即安的温柔乡中，他们早已忘记了刚开始的豪情万丈。也许偶然他们也会想起，但身体怎么也动不起来，再也没有了那种精神压力，再也没有了那种早上一跃而起的勇气。

小富即安是一种可怕的思想，它让一个人的生命之火刚刚燃起又重新熄灭。小富即安就是一种变相的半途而废，是没有勇气、缺乏勇气的表现。很多时候，小富即安还会使人失去本来的面目，变得骄傲自大、目中无人、焦躁轻狂。很多人没钱的时候恭恭敬敬、本本分分，有点儿钱之后就飞扬跋扈、对别人横加指责，这都是小富即安带来的危害。小富即安者刚开始有点勇气，但后来勇气全无，这归根结底是没有勇气。

与小富即安相对的就是永不满足现状。永远进取的勇气是小富即安的天敌，是防止小富即安的法宝。永远进取的勇气就是对现实的一种辩证的否定。条件恶劣，应该奋起改变；而条件优越，就应该让生活更充实。

生活中对于那些已经有所成就的人士而言，永远进取的勇气使人清醒、深沉。对人生而言，任何成就都是过去的，为过去的成就而沾沾自喜，或者认为"够了，能这样就不错了"，是人生失败的开始。这种想法带来的危害是具有灾难性的。

三国时的袁术当时是一大诸侯，他拥兵二十多万，占据四州，是当时很大的一股势力。在当时全国群雄割据的诸侯曹操、袁绍、公孙瓒、吕布、袁术中，袁术的势力算中上等。

在用兵早年，袁术积极进取，他广纳部下谋士的建议，操练兵士，广集钱粮。在攻取徐州的过程中，袁术还不惜血本给吕布送去20万石粮饷以结同盟。这些努力都让他的势力有所发展，保持了在众多军事实力中一定的地位。

但是当孙策将流传已久的传国玉玺献给袁术后，袁术就起了称帝之心，他不再积极进取，而是一心想着当皇帝。当时有大臣苦劝他不要称帝，此时时机还远未成熟，有众多诸侯都互相不服，一旦称帝，必将成为众矢之的。但袁术被成绩冲昏了头脑，认为自己兵多粮广，如今又得了传国玉玺，这是上天让他当皇帝。

在一片小富即安思想的笼罩下，袁术贸然登基称帝，还给各路诸侯发去诏书，表明自己的"皇帝"身份。结果导致他的堂哥袁绍，即当时最大的一路诸侯和他关系闹僵，而挟天子以令诸侯的曹操更是出兵攻打，其他诸侯也纷纷不支援而加以讨伐。没过几个月，袁术就被曹操、吕布等打败，逃跑时一步一口血。

小富即安的思想让袁术顷刻间就灭亡了，如果他当时继续积极进取，不要丧失奋斗的勇气，那么凭他的条件，很可能几年十几年之后就是真正的皇帝了。

而与此相反，生活中很多人都不满足于现状，他们不会小富即安，正是由于这种不满足，才促使他们去改变周围的世界，去争取更大的成功。**要想不小富即安，我们就要确立自己的梦想与志向。**可能起初我们也对一些事物的认识似是而非，不能有一个明确的、系统的判断，但只要我们心存永远进取的勇气，我们就会慢慢发现自我，找到自我，慢慢明白自己的价值。有了梦想，我们就有了机会，也就有了选择。有了梦想的生活，就会充满希望与热情。如果我们有梦想，即使不能实现，也会给人以追求的动力与勇气。而事实上，只要我们有梦想，再加上持续的勇气，我们往往能让"梦想照进现实"。

　　1944 年 4 月 7 日施罗德出生在萨克森州的一个贫民家庭。他出生后第 3 天，父亲就战死在罗马尼亚。母亲当清洁工，带着他们姐弟二人，一家三口相依为命。

　　生活的艰辛使母亲欠下许多债。一天，债主逼上门来，母亲抱头痛哭。年幼的施罗德拍着母亲的肩膀安慰她说："别伤心，妈妈，总有一天我会开着奔驰车来接你的！"40 年后，终于等到了这一天。施罗德担任了萨克森州的总理，开着奔驰车把母亲接到了一家大饭店，为老人家庆祝 80 岁生日。

　　1950 年，施罗德上学了。因为交不起学费，初中毕业他就到一家零售店当学徒。贫穷带来的被轻视和瞧不起，使他立志要改变自己的人生："我一定要从这里走出去。"他想学习，他在寻找机会。1962 年，他辞去了店员之职，到一家夜校学习。他一边学习，一边到建筑工地当清洁工。不仅收入有所增加，而且圆了他的上学梦。

　　4 年夜校结业后，1966 年他进入了哥廷根大学夜校学习法律，圆了上大学的梦。

　　毕业之后，他当了律师。32 岁时，他当上了汉诺威霍尔律师事务所的合伙人。回顾自己的经历，他说，每个人都要通过自己的勤奋努力，而不是父母的金钱来使自己接受教育。这对个人的成长至关重要。

　　通过对法律的研究，他对政治产生了兴趣。他积极参加政党的集会，最终加入社会民主党。此后，他逐渐崭露头角、步步提升。1969年，他担任哥延根地区的主席；1971年得到政界的肯定；1980年当选议员。这个时候，施罗德并没有产生骄傲自满的情绪，在亲友们的一片祝福声中他谦和低调，在部下的一些献媚奉承声中他也始终保持着清醒的头脑。1990年，他当选为萨克森州总理，施罗德保持着一如既往的奋斗步伐。1994年和1998年施罗德两次连任萨克森州的总理。政坛得志，并没有让施罗德小富即安，没有使他放弃做联邦政治家的雄心。1998年10月，他走进了联邦德国总理府。

一连串的没有小富即安，让施罗德从一个吃不饱、穿不暖的贫民儿童成长为一代世界政坛的风云人物。其间的差距之大令人惊叹。这得益于持续不断奋斗的勇气的力量。**在我们的生活中，一旦我们有幸受这种伟大推动力的引导和驱使，我们就会发芽、开花、结果、进取心带来的持续奋斗之勇气也存在于我们的体内，它推动着我们完善自我、追求完美的人生。**但如果我们无视这种力量的存在，或者只是偶尔接受这种力量的引导，我们就只能使自己变得微不足道，不会取得任何成果。并且，这种向上的愿望，这种至高无上的力量，也有可能会消失，一旦小富即安，我们就会停滞不前。

梭罗说："你是否听说过这样的事：一个人以英勇的姿态、宽广的胸襟、真诚的信念和追求真理的决心行事处世，竟然没有任何收获？一个人穷尽毕生精力向着一个目标努力，竟然会一事无成？一个人始终有所期望、受到持久的激励，竟然无法使自己提升？难道这些努力会白费吗？"

是的，一旦养成戒除小富即安、不断自我激励、始终向着更高目标前进的习惯，我们身上的很多不良习性就都会逐渐消失。进取心最终会成为一种伟大的自我激励力量，它会使我们的人生更加崇高。自此以后，那些不良的恶习就再也没有滋生的环境和土壤了。在一个人的个性品质中，只有那些经常受到鼓励和培育的品质才会不断发展。

因此，根除这些不良品性的最佳方式就是铲除它们赖以生存的土壤。

如果我们的身体和精神土壤得不到足够的照料和滋养，那么追求上进和完美的种子不但无法生长，反而会使小富即安、沾沾自喜的野草、毒瘤等东西繁殖蔓延。**只要我们心中具备哪怕只是一种最微弱的进取心，它也会像天堂里的一颗种子，经过我们耐心的培育和扶植，就会茁壮成长，直至开花、结果。**

打败小富即安的不断前进的勇气需要不断培养、训练。我们很多人认为进取心是一种天生的东西，无法通过后天的努力加以增进，这就错了。事实上，即使是最伟大的雄心壮志，也会由于多种原因而受到严重的伤害。比如，拖延的毛病、避重就轻的习惯，这都会使一个人的雄心壮志被削弱，勇气被挫伤。

心灵悄悄话

小富即安是一种可怕的思想，它让一个人的生命之火刚刚燃起又重新熄灭。小富即安就是一种变相的半途而废，是没有勇气、缺乏勇气的表现。很多时候，小富即安还会使人失去本来的面目，变得骄傲自大、目中无人、焦躁轻狂。很多人没钱的时候恭恭敬敬、本本分分，有点儿钱之后就飞扬跋扈、对别人横加指责，这都是小富即安带来的危害。小富即安者刚开始有点勇气，但后来勇气全无，这归根结底是没有勇气。

生于忧患，死于安乐

　　我们大家经常听到这样一句至理名言："生于忧患，死于安乐"，这句古语之所以流传千年，在于它是真理，这说的就是逆境及不断进步的勇气对人的巨大价值。我们大家都知道，当苹果熟了的时候它就开始掉落了，同样，当一个人感到自满开始追求享受的时候他也就开始失败了。**数学上的抛物线永远是这样，到达顶点后不上升就必然开始下降。**因此，逆境、挫折、失败等对人是有巨大价值的。它们能激发人的力量，让人真正认识自己，磨难能给人勇气，在战胜磨难的过程中人的勇气和意志被开发出来，变得连自己都有些惊叹。而当一个人处于安逸的环境中的时候，他的各项身体机能包括心理机能就开始退化，慢慢他就越来越没有勇气进而妄谈取得什么成就了。

　　在我国北方的沙漠中，有一种树——胡杨，它和一般的杨树不同，它能够忍受荒漠中干旱、多变的恶劣气候，对盐碱有极强的忍耐力。在地下水含盐量很高的塔克拉玛干沙漠中，照样枝繁叶茂，人们因此赞美胡杨树为"沙漠的脊梁"。为了生长发展，胡杨树长出不同的叶子，大叶子吸收阳光，而小叶子则是为了减少水分的散失；叶片上有蜡质，能够锁住每一粒水滴，可以说再没有什么树能够比胡杨更加坚忍的了。而事实上，每一个成功人士就是一棵胡杨树，因为他们明白"生于忧患，死于安乐"的道理。

　　关于"生于忧患，死于安乐"这个话题，李嘉诚在接受媒体采访时曾说："创业可以使人生的命运彻底改变，只有走到这一步才算是赚钱的开始。几乎所有的成功者都曾经历过艰难困苦的创业时期。**创业是成功者的熔炉，是事业巨人成长的摇篮，是赢得财富的第一步。**"在财富界一个个闪耀的明星中，李嘉诚如是，俞敏洪如是，而比尔·盖茨更是深知此理。

在科技发展日益迅速的今天，比尔·盖茨常常对他的员工们说："我们离破产只有18个月。"在微软刚开始起步的时期，比尔·盖茨的生活，除了和有合作意向的公司谈生意或者出差，再就是在公司里通宵达旦地工作，常常会工作到深夜。有时，秘书清早来上班，就会发现他竟然躺在办公室的地板上鼾声大作。因此，他的合伙人保罗·艾伦经常说他是个工作狂。在研究 Dos 系统时，他曾经打电话告诉母亲，自己将"消失"6个月，潜心研究 Dos 系统，以完成与国际商用机器公司的交易。

盖茨曾经在媒体采访时描述他普通一天的工作进程："早晨9点上班，工作至午夜，其间与一些同事共进午餐，午夜之后，我乘车回家，读1小时如《经济学家》之类的杂志。"这就是这位工作狂人的生活。1993年，他每周仍然工作6天，每天工作13个小时。即便是微软发展到"航空母舰"的规模以后，比尔·盖茨也没有放松自己的工作。他经常在夜晚或凌晨发电子邮件给他的下属，内容是关于他们所编写的计算机程序。在微软最辉煌的时期，他每天仍然至少要花费六七个小时的时间来检查编程人员编写的软件，并给出自己的修改意见。

由此我们可以看见，比尔·盖茨将"生于忧患，死于安乐"的精神演绎到了极致，所以，他也成了世界首富。持续不断的奋斗意识和毫不享乐的工作精神，让他领跑世界软件业几十年。其实，**对于每一个有志于成功和幸福的人来说，都一定要充分认识到生于忧患，死于安乐的真理性，不要惧怕人生中的磨难，不要丧失奋斗的勇气。**古今中外，多少成功的案例都说明在逆境中生存的重要性。

中关村百万富翁第一人王江民，3 岁时患过小儿麻痹症，从未进过大学校门，20 多岁还在一个街道小厂当技术员，38 岁前还不知道电脑为何物。但他从上中学起就开始磨炼自己的意志，当他 40 多岁来到中关村，面对商业对手的不择手段，面对欺骗和打击，都能坚持不懈，中关村能人虽多，倒让一个从未进过大学校门的人拔了百万富翁的头筹。

如今在现实生活中，有很多人想成功、发财，特别是很多年轻人，但最终能够迈出步伐并坚持下来的却少之又少。因此，要想掌握自己的命运，就要有能接受各种各样磨难的意识。《孙子兵法》有云："兵者，国之大事，死生之地，存亡之道，不可不察也。"其实人生的每一天也就相当于作战，四平八稳的生活中其实潜伏着各种危机，至少时间在过吧，你的生命在老去吧；至少你有衣、食、住、行等最基本的消费吧，这也需要生活成本；至少你的竞争者在奋斗吧，因此，你若放松不远的将来你就被甩得远远的；而且，生活中还有很多意想不到的挫折与危机。因此，我们一定要做好"**宝剑锋从磨砺出，梅花香自苦寒来**"的思想准备。

近两年，我国明星吸毒事件层出不穷，满文军、谢东等纷纷爆出了吸毒的丑闻。明星在成名之前，可以说付出了极大的代价。

比如满文军在成名之前，家庭贫困，早早出来养家糊口，在社会上打拼。当他从老家农村来到北京的时候，举目无亲，一切都得全靠自己。满文军在大热天骑着自行车在北京的大街上狂奔，以便赶到酒吧去卖唱，而唱完后已经是午夜了，早已没有了公交车，的士又打不起，于是又匆匆地吃过一碗面往简陋的房子赶。有时为了生活，满文军还得搬运笨重的物品，以换取生活费。

勇气——男儿何不带吴钩

每天很重的麻袋压在满文军身上，累得他汗流浃背。可以说，这个时候的满文军，是一个奋进者，一个生于忧患者，他苦苦地奋斗、不懈地努力着。而最终，他也获得了上帝的垂青，以一曲《懂你》红遍大江南北。

但成名后的满文军等人，生活开始腐化，高消费、比名牌等思想开始出现。灯红酒绿、花钱如流水、安逸的生活也让他们的奋斗意识早已荡然无存，早年的苦苦打拼已然成为他们脑际一些遥远的记忆。

于是，他们开始变质了，脱离奋进，脱离忧患。而空虚无聊、追求刺激等行为开始出现，最后就染上了吸毒等站在人民对立面的不法行为。他们的落网，也给广大人民上了"生于忧患，死于安乐"的一课。

是的，巨大的诱惑和对困难的恐惧征服了许多人。前进的勇气如果不能持之以恒，便不能有效防备懈怠这个大敌，不能把人们一如既往地引向更美好的事物，而懒惰则是安于平庸的先兆，所以，进取心的第一个敌人是懈怠。当人们满足于低标准，不再为更好的未来而努力时，他就会在体力、精神和道德上走下坡路。相反，如果他们真诚地希望通过不懈的努力来改善自己的处境，就会造就更加高尚的人格。因此，在逆境中持续努力是进步的唯一途径。

好多人觉得自己不成功是命运的安排，其实世间并没有主宰人们浮浮沉沉的命运。"我们并不听从命运的安排，我们才是自己命运的主人。"人若败之，必先自败。承认自己是低人一等，自愿充当低等角色的人真的会成为低等的人，因为他认为所有的好事都是属于别人的，而这是一派胡言。世界属于能征服它的人，只要你谨记"生于忧患，死于安乐"的真理，持续不断地努力，你一定就能改变自己的命运。

吉姆·罗杰斯出生于小城镇，在 20 世纪 70 年代，他与乔治·索罗斯合伙，共同建立量子基金，后来又成为哥伦比亚大学的教授，他曾两次环游地球并打破吉尼斯世界纪录，被《时代周刊》称为"金融界的印第安纳·琼斯"。他两次周游世界，在一些最不可能的地方进行着非常有利可图的投资。

罗杰斯将他的很多成功都归功于刻苦勤奋。他说："我并不觉得自己聪明，但我确实非常刻苦勤奋地工作着。如果你能非常努力地工作，而且很热爱自己的工作，你就有成功的可能。"他认为，每个人都梦想着赚很多的钱，但是要赚到那么多钱是不容易的。

当罗杰斯还是一个专职的货币经理时，他曾经讲过这样一句话："生活中最重要的事情是工作。在工作做完之前，我不会去做任何其他事情。"他是这样说的，更是这样做的。

在和索罗斯合作时，罗杰斯的刻苦勤奋表现得尤为疯狂，在哥伦市环道上的办公室里，他不停地工作，10年的时间没有休过一次假。后来乔治·索罗斯在回忆录中曾经这样写道，罗杰斯一人干了6个人的活儿。

不受百炼，难以成钢。一个人的成功，机遇、天赋、学识等外部因素固然重要，但更重要的是自己是否刻苦勤奋。只要你在任何环境中都能保持清醒的头脑，刻苦奋斗，你一定能获得持续的回报。

"你的理想需要重新擦拭，因为它们已蒙上灰尘。你开始变得懒散了，你开始习惯于放松自己了。事实上到目前为止，还没有哪个萎靡不振、放松对自己的要求、让自己的抱负烟消云散的人取得了什么骄人的成就。小伙子，现在，我打算紧跟在你的身后监督你，直到你恰到好处地对待自己时为止。这种'放松自己'的哲学绝不可能使你达到理想。你必须认真地检讨自己，否则，你就会成为时代的弃儿，被时代远远地抛在后面。"

"我相信你以后一定比现在干得更好。从今天开始，你就应该有这样坚定的决心，即从今晚开始，你就要从你的工作中得到你以前更大的回报，你就要比以前更加努力地工作。你必定会成为一个胜利者。振奋起来，清除你头脑中的各种陈腐观念，扫掉积在你大脑中的思想灰尘。思考，再思考，不断地思考，直到达到你心中的理想！不要再稀里糊涂、没精打采地过日子。如果这样，就与行尸走肉无异，你赶紧开始行动吧！"

　　朋友，听了以上的智者之言，你有什么感想呢？

心灵悄悄话

　　进取心的敌人是懒惰。当人们满足于低标准，不再为更好的未来而努力时，他就会在体力、精神和道德上走下坡路。相反，如果他们真诚地希望通过不懈的努力来改善自己的处境，就会造就更加高尚的人格。在逆境中持续努力是进步的唯一途径。

勇气没有终点

对于成功及取得持续性成功，一千多年前的曹操有一句豪言壮语："**老骥伏枥，志在千里；烈士暮年，壮心不已。**"这是一首勇气之歌，这是一句勇者慨叹。只有勇者，才能在西山残阳时仍然豪情万丈；只有勇者，才能抛开世俗的年龄限制，激发生命的潜能，一如既往地发光、发热。**世界上每一个取得巨大成就的人物无一不是生命勇气保持到最后一刻的人。**毛泽东以 76 岁高龄横渡长江，令世界惊叹；丘吉尔在离开人世时还不忘幽默一把，要喝一杯鸡尾酒再去见上帝。这些人莫不是"老骥伏枥，志在千里；烈士暮年，壮心不已"的勇敢人物，他们的生命之光永远发亮，他们勇敢之气一生长存。

在我们周围的生活中，也不乏"老骥伏枥，志在千里；烈士暮年，壮心不已"的勇敢人物。肯德基爷爷在 66 岁高龄时才开始创业，并取得了成功。李嘉诚、霍英东、郑裕彤等企业家在年迈高寿时，也仍活跃在创业第一线，丝毫没有疲惫的意思。每个想要成功的人物，如果没有些"老骥伏枥，志在千里；烈士暮年，壮心不已"的豪迈勇敢之气，那么他成功起来将很难。**成功是一项长期的漫漫跋涉，不打算为它流尽最后一滴汗，那只能永远看着成功的金袖子在风中飘荡。**

我国著名企业家何鸿燊在 80 岁高龄时仍和美国对手斗得天昏地暗，从不言退休，仍然在追求着他生命的价值，让人不得不佩服他旺盛的生命力。何鸿燊在"老骥伏枥，志在千里；烈士暮年，壮心不已"这一点上，给后来的创业者们做出了表率，这也是他为什么傲立商界几十年不倒的奥妙之一。

2008 年是澳门博彩业霸主何鸿燊特别难忘的一年。

因为澳门博彩业的竞争变得更加激烈而紧张了。对于何鸿燊来说，这也是自 2002 年澳门开放外资进澳门以来最为艰难的时刻。

这一年何鸿燊已经 86 岁了。如果是普通家庭的老人，早就到了颐养天年的时候，然而何鸿燊则不同，他始终在为自己的博彩业到处奔忙。如果按一般企业家的眼光，何鸿燊也不必到了这个年龄还在奋战，因为他不仅在事业上做到了功成名就，而且在家庭中他也早就进行了接班人的培养与权力的传承。应该说何鸿燊是香港和澳门大富豪中，管家治家最为得体的人之一。至少在他的家庭中，四房妻子和众多子女中，并没有传出什么有碍他名声的丑闻。盘点何鸿燊在澳门商海驰骋 60 年所取得的业绩，完全可用"辉煌"一词来形容。现在他的物业早已遍布全球，据观察家保守的估计，何鸿燊到 2008 年的身家已不少于 300 亿。而账面数目则近 200 亿之巨。上市公司中的信德集团市值为 44.8 亿；汇盈控股为 0.05 亿；新濠国际为 5.5 亿；澳门博彩约为 125 亿，非上市公司中，香港物业的浅水湾一号则为 2 亿，海外物业则更加浩繁，这笔资金则是外界始终无法统计的。

在 2007 年秋天，何鸿燊晚年最大的一项工程——新葡京酒店开始对外迎客了。这是何鸿燊在力克内外各种阻力后，最为丰硕的成果。香港新闻界以《新葡京旺到孵蛋》为题，在报上狠吹了一通何鸿燊的赌业奇迹。其原因就在于威尼斯人、永利和银河等几家外国赌场进军澳门以后，这是何鸿燊第一次出手迎敌，而且新葡京的圆卵形巨厦一出世，就已震撼整个澳门。何鸿燊的新葡京娱乐场所摆的是"龙牙吸水局"，这是何鸿燊为了战胜所有在澳门称雄的外国人依据风水所做的一招，其大楼底座呈鹅蛋形状，四周围花朵般的金属装饰，看似一朵绽开的金莲花，高座的酒店大楼，有 52 层，高 258 米，是除了观光塔外，全澳门最高的建筑物，其外形如同一根权杖。与底座结合，即变成一个坐落于澳门中心区的玉玺，更能显出其皇者气派。新葡京正门向北面海，而底座外墙的莲花也顿化成一把把的利刀，使之成为"龙牙吸水局"，将大海之水源源不断地吸入。此局灵巧地运用赌场的地利，远胜其他只在门前设置水池吸财的赌场。鹅蛋形设计的风水寓意是赌场旺到孵出蛋。故场内也摆设一个窝，不想离开的感觉。加上部分赌台顶部设计有一个爪形设计，风水学上称为天罗伞，可以将赌客口袋里的钱挖出来。

何鸿燊的新葡京开张营业后，和它对面对峙的永利赌场，发现何鸿燊的气势逼人，决定也学学中国人的风水学。他们花钱请来了香港的风水师，为的就是要破破何鸿燊新葡京的所谓"龙牙吸水局"。原本是想在澳门大赌一场的美国永利集团，没有想到竟然连吃老赌王何鸿燊的几记重拳，因此他们决定利用风水学与何鸿燊斗法。永利早年在美国拉斯维加斯开赌场的时候，根本就不懂什么是风水，如今才知道他们美国那一套不行了。在拉斯维加斯的赌场，有他们美国人的吉利特色，即在赌场的大门前建有大型的音乐喷水泉，这泉水的用意，也是暗指花钱如流水一般，钱财源源不断地流进他们的腰包。而且还不时有音乐表演，四周围满了赌客。自然，美国赌王来到澳门以后，在永利赌场的大门前面，也要设计大型的泉池，同时配以西洋乐曲，不时随着那阵阵喷薄而起的水流放出动人心弦的音乐。现在他们发现何鸿燊的新葡京手法独特，居然以所谓"龙牙吸水局"之法，企图压倒美国赌王这一头，永利岂能等闲视之。他们请来的香港风水师到了澳门以后，想出了一个可以制服何鸿燊的绝招，那就是以火来应对何鸿燊的水。永利赌场的对应之局，则命名为"喷火之局"。

史提芬·永利的"喷火之局"就是在大厅内外布满各种彩灯。玻璃水晶吊灯按照风水师的要求，在永利赌场的迎客大厅里挂了一排又一排，力图以灯火来战胜何鸿燊的水局。此种办法让永利耗费了一笔巨资，可是，这并没有因此而改变永利客人渐渐稀少的窘迫局面。美国人永利发现，美国人在中国的地盘上操持博彩业，并不像他们当年所想象的那么轻而易举，史提芬·永利到了这时候才意识到，何鸿燊

勇气——男儿何不带吴钩

之所以在澳门这弹丸之地经营多年而不呈败象，与他始终好斗并且占有天时、地利、人和的优势脱不了干系。

何鸿燊的新葡京在澳门激起的震荡，也波及另一个与何鸿燊多年进行较量的美国赌王，他的名字叫艾德森，从前在美国赌场拉斯维加斯时期，就是一个不可一世的赌界首领。73岁的艾德森听说中国的澳门建成了东方的最大赌城后，也感到美国的拉斯维加斯已经不具有新鲜感和诱惑力，东方许多嗜赌成性的人，大多就近来到了澳门进行豪赌，肯去遥远的美国享受一把赌瘾的人越来越稀少了。于是艾德森也不甘落后，飞到了澳门，经过考察后，马上投资建起了他的金沙酒店。现在艾德森见何鸿燊的新葡京搞起了什么"龙牙吸水局"，才知道他成了中国赌王的手下败将。从前艾德森在美国赌城称雄的年月，根本就不把中国人看在眼里。何鸿燊早年曾经前往拉斯维加斯拜访过他；那时艾德森认为何鸿燊只是个无名之辈，三言两语就把他打发走了。艾德森做梦也没有想到，当他来到中国地盘操办他的金沙赌场时，才发现何鸿燊的厉害。同时，他也感到在中国的澳门从事博彩业，是当初投资的失误。中国不乏博彩行当里的精英。现在看到何鸿燊再次推出新葡京，艾德森感到他如果不马上奋起直追，很可能在澳门血本无归。

为了战胜何鸿燊的"龙牙吸水局"，艾德森和史提芬·永利搞了一个联合。永利搞了一个"喷火之局"，而艾德森对中国的风水一窍不通，不得不从香港礼聘著名风水师来澳门为他看金沙的风水。风水师见这位美国佬对中国的风水一窍不通，虽然得了艾德森的钞票，但不肯坏了何鸿燊的好事。何鸿燊毕竟是中国人，澳门的"无冕澳督"。想到"强龙压不住地头蛇"，在这方面风水师自然内外有别。

香港风水师进了金沙一看，发现金沙赌场内楼的底层甚高，故而天花板设计也颇费心思。当厅除了高高悬吊着巨型水晶灯外，大厅里也架起了一个旋风形的台灯。原来，长形的吊灯与两旁的两条长电梯，在风水上也是有一定关联。如果真能配备得体，可以形成风水学中的"三把刀"。可是，这位香港风水师由于事前和何鸿燊通了气，所以并没有真正向艾德森说破天机，他知道金沙自从在澳门建场以来就来客不多，他认为其主要原因当然是美国人不懂地利之术。这位风水师知道如若破局倒也不难，如在金沙开启后门，也许就会让进门的客人避开那迎面吊挂在大厅里的"三把刀"。可是，这位香港风水师只告诉美国赌王说："如果金沙想躲开何鸿燊新葡京的威势，不如再开一扇侧门，这样可以让海水从侧门而入。"艾德森不知其中的机关，只能听信香港风水师的进言，结果并没有真正避开大厅里的"三把刀"，因此，煞气正凶，而他的赌场自然也没有因为改用侧门而引进大海之水。也就是说，财源依然如旧，当然无法和近在咫尺的何鸿燊相比。

何鸿燊以80多岁的高龄接连击败了两个竞争对手，茶余饭后他笑谈道："其实在澳门做生意，所谓风水，不过都是行业竞争的一种手段而已。有些业内人士为了战胜对手，甚至不惜利用风水邪术来自我安慰。风水，我不敢说一点作用也不起。不过如果真想做好自己的博彩，最主要的一环，当然还是要打造精益求精的服务质量来赢得客人的满意。如果为了挣钱而不择手段，那么你就是请来最有名的风水师助阵，到头来也只是空忙一场而已，绝不会有任何效果的。"

何鸿燊的新葡京在澳门赌业激烈的鏖战中战胜了对手，他以86岁的高龄再次发威，在商海飓风中稳如泰山。

何鸿燊的一生，就是拼搏的一生、争斗的一生。有人曾向何鸿燊打听成功秘诀，何鸿燊说："我没有什么秘诀，**一是做事必须勤奋；二是锲而不舍，有始有终；三是一定要有好帮手；四是待人忠实，做事雷厉风行。**"

何鸿燊这里所说的第二条"锲而不舍，有始有终"就包含了奋斗到底的意思，"老骥伏枥，志在千里；烈士暮年，壮心不已"就是对人生的锲而不舍、有始有终。**勇气有时它不光表现为开始时的干劲十**

足、挥汗如雨，**也表现为几十年如一日的持续奋斗。**很多时候刚开始信心十足可能不少，但这个世界上虎头蛇尾的人太多了。

众所周知，时间是一把利剑，很多激情随着时间的流逝都会像潮汐一样退去，一个人的一生中会遇到很多很多的挫折和不如意，这些都会消磨我们的意志，让我们变得不再"有棱有角"，不再"风风火火"。放眼周围的生活我们可以发现，年轻时意气风发而几年后沉默消沉的人不在少数。而"老骥伏枥，志在千里；烈士暮年，壮心不已"就代表了一种永不退却的激情和勇气，代表了一种生命不止、奋斗不息的信仰，代表了**"天行健，君子以自强不息"**的豪情。当我们在老年时，还能发出"老骥伏枥，志在千里；烈士暮年，壮心不已"的豪言，我们无疑是一个勇者；当我们在年轻时，能想到在老年时要"老骥伏枥，志在千里；烈士暮年，壮心不已"，我们也是一个勇者；从现在开始，我们每天把这句话念十遍，当这种思想刻进我们的骨子里的时候，我们也会变为一个勇者！

心灵悄悄话

对于成功及取得持续性成功，一千多年前的曹操有一句豪言壮语："老骥伏枥，志在千里；烈士暮年，壮心不已。"这是一首勇气之歌，这是一句勇者慨叹。只有勇者，才能在西山残阳时仍然豪情万丈；只有勇者，才能抛开世俗的年龄限制，激发生命的潜能，一如既往地发光发热。

永不放弃超越极限

　　我们国人都熟知这样一句广告词："没有最好，只有更好。"其实我们人生也一样，**没有最终的成功与幸福，只有更好的成功与幸福。**这个世界上的一切都是相对的，如果我们满足于目前的一些成果，止步不前，浅尝辄止，那么我们不能算是勇者。勇者是什么样的人？就是不断向自己的潜能发起挑战的人。勇者能不断打败自己的惰性与傲气，将自己的人生价值推向最高峰。

　　人生在世，有两大缺陷最难戒除：一是我们的惰性；二是我们的傲气。惰性是人的天性，大冬天的早上早起5分钟对很多人来说是难事，每个人都追求安逸舒服，但这会让我们事业下滑，让我们的心理和身体趋于松懈，而**"学如逆水行舟，不进则退；心似平原走马，易放难收。"**长此以往，我们的人生价值就微乎其微了。而活在世上，应该追求我们的价值，不能碌碌无为，成为这个社会的累赘。我们都有傲气，人都有虚荣心，都想得到别人的夸奖，即使别人不夸奖的时候，有点成绩，我们自己都会不由自主地说出来。炫耀是我们的常态，我们往往很多时候都会不注意别人的感受，从自己的角度出发让别人做这做那，这就是我们的傲气。傲气也有损于我们的发展，傲气不利于人际关系的发展，对我们自己来说，"谦虚使人进步，骄傲使人落后"的名言我们谁都知道。

　　唯有勇敢的人才能戒除自己的惰性与傲气。越是微小的惰性与傲气，越需要勇敢的精神来克服，勇者不断追求自己的完善。奥运会的主题是"更高，更强，更快"。勇者在人生的竞赛中也一样，永远向着更高的目标和境界攀登。勇敢的人不断克服困难，不断挑战自己的潜能，不断向极限发起冲击，因而鼓舞人心。下面来看一个没有极限的游泳者。

2006年8月8日8点整，张键在旅顺老铁山灯塔黄海和渤海分界的海湾下了水。身后是为他举行欢送仪式的人群，他的朋友、妻子还有许多注视着他的人们，举着鲜花，含着泪水，看着他在起伏的海浪中渐渐远去，在心里为他祈祷和祝福。

在海面上，张键兴致勃勃、精力充沛，挥动的手臂像海燕的翅膀，在茫茫海面扇动。半个小时后，指挥部告诉张键，他已经冲过了激流区，这对张键来说是一个天大的喜讯。但是，张键不知道，他虽然冲过了激流区，由于下水时的涌流是向西北方向流动的，他被冲到远离横渡路线四至五海里的相反方向了。

头顶的太阳，慢慢向西边的海平线滑落，很快便被海浪吞没，只剩下一片金色的喧哗了。张键心里有些紧张，他知道自己即将开始最艰难的旅程，在漆黑的夜海中，什么样的危险或者灾难都可能出现。

起风了，平静的海面躁动起来，渐渐地浪越涌越高，一个接一个地迎面向张键扑来。张键知道，风力已经达到6级，而且是东南风，刚好与自己游泳的方向相反。一个接一个的浪头把自己推向小山般的浪尖，又把他抛向深深的谷底。一直伴随在不远处的小渔船，像一片被风吹卷的树叶，在浪谷里打旋，船上的人刚刚把螺镜调到航向上，一个巨浪打来，又忽地一下荡开去。张键知道，小渔船就在自己身前不远的地方，可是却被巨浪遮住，自己什么也看不见，眼前黑茫茫的一片，黑茫茫的耸起的浪尖，黑茫茫的跌落的浪谷，不辨东西，不知道该奋力往何处搏击。

整整一天，张键一直用高能营养棒为自己补充营养和能量，但没有食物填充，他胃里空荡荡的，感觉很不舒服，而且更难受的是舌头被海水浸泡得肿胀起来，嘴里像是插着一根大大的萝卜，嘴唇闭不紧，海浪打到舌根，张键无法遏制恶心的感觉。一下把白天吃的东西全部呕吐了出来。呕吐过后，张键感到一阵迷糊，他知道自己的生物钟在作怪了，他很困，手和脚也酥软无力，波浪打来，张键身不由己地随波逐流，一次又一次，张键感到绝望，几次想到放弃，但是他的眼前总是出现训练期间经历过的难忘的日日夜夜，还有妻子的笑脸、同事的笑脸，于是又挥臂拼搏起来。

风浪小了一些，小渔船不时把灯光照射到自己身上，张键听到一声声口哨。他知道这是在提醒自己，在茫茫大海中，你不孤独，我们和你在并肩战斗。小渔船前面还有导航的扫雷舰，它们保持与张键相同的速度。风急浪大，扫雷舰一停，就会被风浪卷走，小渔船更是在风浪中飘荡、打转。晚上，在小渔船上值班的工作人员，也得坚持到天亮，和自己一样在经历着生死考验。张键的心里涌出一阵温暖，无穷的力量仿佛又回到了自己的体内。

三十多个小时就这样过去了，10 日凌晨 1 时左右，指挥部告诉进入顺流的张键，已经看得到蓬莱市的灯火了。这是一个令人振奋的消息，就像在沙漠中跋涉的人马上就可以进入绿洲一样，可是张键跃上浪尖，只看到海平线上的一抹明亮的天空。这也是希望，它就在前方等着自己，极度困乏的张键清醒了一些，迷糊中，听见小海船上的工作人员在不断呼唤："加油，前方就是北隍城岛！""加油，前方就是大竹山岛！"张键知道，自己是在飞速往前游。

10 日 6 点，小渔船上的工作人员告诉张键，已经能够看到蜿蜒的海岸线了。天气晴朗，太阳已经被大海吐出，海面一片金光闪闪，海鸥在嘎嘎地叫着掠过浪尖。奋力游着的张键心里充满了阳光。

7 点，张键看到了海岸线，它正一涌一涌地朝自己扑来，是要拥抱自己吗？张键还看见了岸边的房屋和高楼那闪闪发光的幕墙，那里的人们正充满活力地生活着，自己的家和事业也在那样的城市。他觉得恍若隔世，眼前的一切既亲切、陌生，又真实、缥缈，张键怀疑自己看到的是蓬莱仙境。

勇气——男儿何不带吴钩

胜利在呼唤！成功就在跟前！张键亢奋起来，他奋力地向岸边冲刺。又起风了，海浪再一次显露出它的威风，一个浪头接着一个浪头，阻挠着已经浸泡了整整两天两夜的张键。顺着海流向前游，张键感觉自己仿佛远离了海岸，也不知游到哪儿了。眩晕中，他紧紧跟着小渔船，只是游着，游着，不知道游了多长时间，迷糊中看到许多人朝自己奔来，他知道自己已经到岸了。

那一刻，是 8 月 10 日 10 点 22 分，一共用了 50 小时 22 分。张键成功地横渡了 123.8 公里的渤海海峡，挑战了人类极限，创造了中国人的又一个奇迹。

张键的成功，不仅是个人的成功，更是国人的骄傲；张键的壮举，显示了一个国人的勇者风范。用 50 小时 22 分横渡渤海海峡，这个记录对科学家研究人类的体能具有参考价值。张键的勇敢之举也将载入体育史册上。

其实人的潜能是巨大的，包括体能、智能及心理能力等，如果你不去开发、不去挑战，就永远不会知道。那些成功者、能力出众者，是因为他们感受到了自我挑战的快乐，并且也在这种挑战中一次次明白了自己的能量与能力，因而他们越来越优秀。其实每个人之间的差距不大，仅是那么一点点，那唯一的一点点就是看你去挑战了一下没有。你去试了一下，感觉不过如此，你的信心增强了，你就会一次次去挑战，以至于越来越有信心，强者恒强就是这么来的。我们可以推测一下，**李嘉诚的第一笔生意肯定不是一千万元**，还是像很多小生意人一样从几十几百元起步，只是李嘉诚一次次开发着自己的潜能，以至于到后来人们望尘莫及。**刘德华刚拍电影时也没想到他能拍 100 多部电影，**只是在后来他不断发挥着他的敬业潜能，从而成为一代天王。

在追求成功和人生价值的道路上，我们要像张键、李嘉诚、刘德华等学习，永不止步，永远追求卓越，不要把自己的成功和能力限定在某一个度上，而要每天进步一点点，直到生命的终点。

　　当然，我们这里所说的要永远追求极限是指要在科学的基础上而言的，不能不量力而行。比如你练习跑步，你要在 3 天之内将 100 米跑进 10 秒内，这就是天方夜谭。又如你学习英语，你不要要求一天记住 3000 个单词，这样的挑战极限是自我折磨。在科学合理的基础上，我们要永不满足，永远进步。

　　要做勇者，我们就要做"没有极限的游泳者"！

心灵悄悄话

　　唯有勇敢的人才能戒除自己的惰性与傲气。越是微小的惰性与傲气，越需要勇敢的精神来克服，勇者不断追求自己的完善。奥运会的主题是"更高，更强，更快"。勇者在人生的竞赛中也一样，永远向着更高的目标和境界攀登。勇敢的人不断克服困难，不断挑战自己的潜能，不断向极限发起冲击，因而鼓舞人心。

勇气——男儿何不带吴钩